赛博物理系统：基于模型的方法
Cyber-Physical Systems：
A Model-Based Approach

［瑞典］Walid M. Taha

［沙特］Abd-Elhamid M. Taha   著

［瑞典］Johan Thunberg

高星海　译

北京航空航天大学出版社

内 容 简 介

　　本书介绍基于模型的方法，旨在使读者对于赛博物理系统有一个全面的、统一的认识。为实现这一目标，本书提出的方法支持将不同学科和技术领域的知识组合到统一的模型之中，并以此帮助读者在面对所有不同类型现象建模时，重塑建模与仿真的形式化表示能力。同时，在赛博物理系统创建和开发流程中纳入不同类型的活动并提供必要的方法指导，使与赛博物理相关的概念付诸于工程实践变得更加容易。本书第一部分各章均涉及研究问题、实验和项目三个部分的内容。

　　本书可作为工程技术人员学习和实践赛博物理系统开发和集成方法的指导用书，也可作为针对该主题的本科生或研究生基础课程以及项目实践的教科书。

图书在版编目（CIP）数据

　　赛博物理系统：基于模型的方法 /（瑞典）瓦利德
·塔哈（Walid M. Taha），（沙特阿拉伯）阿布都·阿尔
哈迈德·塔哈（Abd-Elhamid M. Taha），（瑞典）约翰·
桑伯格（Johan Thunberg）著；高星海译. ––北京：
北京航空航天大学出版社，2023.10
　　书名原文：Cyber-Physical Systems：A Model-Based
Approach
　　ISBN 978-7-5124-4199-6

　　Ⅰ.①赛…　Ⅱ.①瓦…　②阿…　③约…　④高…　Ⅲ.
①虚拟现实　Ⅳ.①TP391.98

　　中国国家版本馆CIP数据核字（2023）第193651号

赛博物理系统：基于模型的方法
Cyber-Physical Systems：A Model-Based Approach
〔瑞典〕Walid M. Taha
〔沙特〕Abd-Elhamid M. Taha　　　　　著
〔瑞典〕Johan Thunberg
高星海　译
策划编辑　董宜斌　　责任编辑　张冀青

*

北京航空航天大学出版社出版发行
北京市海淀区学院路 37 号（邮编 100191）　http://www.buaapress.com.cn
发行部电话：（010）82317024　传真：（010）82328026
读者信箱：copyrights@buaacm.com.cn　邮购电话：（010）82316936
北京富资园科技发展有限公司印装　各地书店经销

*

开本：710×1 000　1/16　印张：11.75　字数：255 千字
2023 年 10 月第 1 版　2023 年 10 月第 1 次印刷
ISBN 978-7-5124-4199-6　定价：99.00 元

前　言

本书面向所有想成为赛博物理系统（Cyber-Physical Systems，CPS）的发明者或创新者的人们，赛博物理系统即机器及其制造的产品、方法或它们的组合。这样的发明或创新的目的是满足社会的特定需要，现代创造案例包括自动驾驶和电动汽车、四旋翼飞行器、智能手机和机器人等。将这样的系统描述为赛博物理（cyber-physical）比以往任何时候都更有用，因为它们结合了以前被限定在相对独立的各个学科领域中的各方面，特别是计算机科学和物理科学。我们认为，越来越需要对这些系统有一个更全面和统一的认识。本书通过采用基于模型的方法实现了这一目标，该方法支持读者将他们不同技术学科的知识组合到统一的模型中，并以此方式帮助他们开发数学建模的技能。与此同时，有这样一个事实为我们提供了前进的指南——在创建和开发这样的系统流程中纳入不同类型的活动，包括本书所涉及的三个方面：学习、团队合作和设计。以此为开端，我们将详细介绍这三个方面。

学　习

学习是一项终身活动，在今天的知识经济中变得比以往任何时候都更加重要。今天，我们有更多的东西需要去学习。激发本书创作灵感的计算机和通信技术也在加速科学技术的发展，加快我们积累新知识的步伐。为了应对不断变化的学习环境，你需要智慧地工作。本书的目的是帮助你从一个高层的、系统的视角出发，深入到关键的、有代表性的子主题。通过这种方式，你可以专注于几乎适用于所有现代发明的关键概念。这本书将提供一个重要的工具，帮助你在长期过程中学习基于模型的方法，特别是混合系统建模的形式化方法，本书前一部分给出相关介绍并贯穿全书提供实践指导。

本书也是为了鼓励你提出问题。为此，设立了一个样例，通过提出问题从而激发出许多的主题和观念。提出问题是终身学习中最重要的技能之一，在这一活动中，包含梳理我们所学的知识，找寻我们需要补充的知识空白，从而实现某特定的目标。这本书并不是告诉你应该用这些概念做什么，而是告诉你能够做什么。将这些概念付诸实践，取决于你的需要和你对这个世界的理解，我们将激发你向我们展示如何设计新的系统。

团队合作

团队合作和协同是必不可少的，因为许多现代发明都需要汇集来自广泛学科的思想，并从众多领域引入知识。作为一项技能，团队合作总是雇主最需要的。当然，从书本中学习团队合作和协同是一件困难的事，我们只有在与他人合作时才会体验到协同。本书将从三个方面帮助你做到这一点：

首先，本书将介绍一些经常涉及新发明领域的关键概念，包括那些与计算有关的概念，以及一些与更多的物理科学和工程学科有关的概念。为了讨论这些概念，我们引入了一些基本词汇。这些概念和词汇不但可以帮助我们了解不同领域专家的专业知识类型，而且可以建立与这些专家合作所需的词汇的良好开端。

其次，本书将详细介绍三个强大的数学概念，这些概念是对那些看似不同概念之间的相似性的形式化表示。看到相似之处，我们就能够凝练我们的知识，迅速想出那些替代方案。重点不是这些概念的数学起源和本质，而是如何在建模和仿真中使用这些数学概念，使它们的应用效果更加生动。这也正是你最需要数学概念发挥作用之处。这些概念可以被看作核心数学形式化的一个示例，赋予我们巨大的表现力来表达想法，并通过仿真实现概念的动画表达。这些概念是：

1. **条件定律（conditional laws）**：这些定律仅适用于某些条件。例如，"温度高于25℃""汽车开始移动"。

2. **离散变化定律（discrete change laws）**：这些定律指定一个或多个量的离散变化。例如，"将方向设置为顺时针方向45°"或者"将罐体的阀门置于ON的位置"。注意，在此，量值不需要是离散的，而是随时间以离散的实例发生着变化。

3. **比率变化定律（rate change laws）**：这些定律与一个或多个量的变化率有关。例如，"车辆的速度为25 mile/h"或"速度变化率（加速度）等于 – 9.8 m/s^2"。

这些概念将会用于仿真本书中涉及的所有不同类型的现象。这种极简模式的要点是，让你很容易发现不同环境中所出现的概念之间的相似性。这也意味着，你只需学习少量的概念就有很多机会很好地将其付诸实践。当你掌握了它们并且能够在建模中使用它们时，它们将成为你与他人合作或者你自己从事发明创造时的强大沟通工具。顺便说一句，如果你对我们使用这三个看似简单的概念而做这么多的事情感到惊讶，并不奇怪，并非是你一个人，许多人都和你一样。这些概念独立使用时直观且简单，组合使用之后它们的效果和应用将会倍增。

第三，本书的第一部分包括研究问题、实验和项目，你至少需要一个合作伙伴开展协同。"研究问题"可以帮助你检查对本章节涵盖知识内容的理解；实验提供了更多的动手经验；项目可以帮助你将不同章节的知识联系在一起。在课堂环境中，教师通常会组织项目小组。如果你正在独立阅读这本书，我们建议你与合作伙伴一起完成实验、研究问题以及项目。

设　计

设计是一个包含创造力和实验的过程，这两件事是紧密交织在一起的——尝试在开发新的事物并确保其达到预期目标的这一过程中是重要的组成部分。为了帮助你有效地进行实验和探索，本书使用了一个名为 Acumen 的建模和仿真环境。Acumen 是专门围绕前面三个关键数学概念而建立的，并使学习者和研究人员更容易研究如何使用这些概念模型。它有以下几个特点，可以帮助你开发你的核心创造力技能：

- **特定性**：Acumen 是一种建模语言和环境，可以让前面三个关键数学概念以及建模系统类型相关的实验和学习工作变得更加容易。Acumen 并不是一种编程或脚本语言，也不是一种实时控制语言，当前所实现的也不是为了提高效率而构建的。恰恰相反，关键是提供一个集成的开发环境，并确保仿真结果具有对这三个基本概念数学含义的简单解释与简单关系。

- **时效性**：在 Acumen 中，所有变量都是时间的函数，这反映了我们所生活的世界的基本方面——动态性。这个概念是上述三个概念中的两个概念的核心。有趣的是，这两个概念通常被视为暗示不同的时间概念：一类是离散的，而另一类是连续的。Acumen 具有将两者统一的时间概念。

- **可视化**：在 Acumen 中，所有变量都是随时间变化自动绘制的。这有助于可视化所有变量的动态特性，图中虽然没有坐标轴网格，但建议你首先关注特定性能方面。如果你对更多的信息感兴趣，可指向曲线的某一时刻，系统将显示更详细的信息。最后，Acumen 提供了一种简化的 3D 场景和动画显示的机制，帮助你实现系统更复杂行为的可视化。

- **开放性**：Acumen 中使用的所有模型和子模型都使用源语言来表达，因此读者可以很容易地检查。该工具本身是开源的，可通过 http://acumen-language.org 网址免费获得，本书附录中包含工具手册。在本书中，提供了涉及连续动力学、混合系统、自动机以及离散与量化系统的研究问题。

建模将是未来一代又一代的发明家、工程师和科学家的关键技能，因为它能够让我们清晰地形式化、反思和交流想法。因此，建模是本书的中心主题和工具。

关于本书的使用

本书可作为研究生或本科生入门级课程的教科书，它也可以单独使用。当用于课程时，通常按顺序介绍第一部分，然后再介绍第二部分中的一或两个主题。第一部分（核心概念）包含了大多数大学课程所期望涵盖的内容，并有意按顺序安排。第二部分（选定主题）包含了其他主题，这些主题之间彼此相互依赖有限。因此，一旦涉及第一部分（至少到第 5 章）中的内容材料，课程就可以包含第二部分中任何一个或多个主题。

当这本书作为教材使用时，这门课程会占用学生每周 50% 的工作时间，每周可以学习一章。例如，瑞典高等教育的季度制就是这样，学生每季度选修两门课程；在美国的季度制系统中，一门课程大约占学生每周 30% 的工作时间；在英国的学期制系统中，这一课程接近学生每周 20% 的工作时间，教学进度根据节奏做相应调整。

在第一部分的每章后，有三种不同类型的任务，它们分别是研究问题、实验和项目，并按照章节编号。研究问题适合作为课堂或家庭作业，由学生单独或小组完成，每周提交给老师。与实验和项目相比，这些研究问题更具理论性，可以训练学生理解仿真所能提供的范围。此外，该理论还有助于我们理解仿真如何回答数学推导无法回答的那些问题。

这些实验是在 Acumen 中完成的，通常在教室或实验室环境中，由实验室助理监督进行。不建议对实验进行评估或评分，但可以将它们视为让学生熟悉 Acumen 和具体概念的机会，这些会在实验章节中讨论。

每一章的项目都是一个较大项目的子项目，该项目作为贯穿第一部分各个章节中的主线运行。最终目标是开发一个乒乓球的机器人模型。为了取得成功，我们将任务分解为通过项目活动表现出来的子目标。通过相应章节的项目活动，最终模型在增量的基础上逐步形成。这些内容的范围从机械和物理现象的建模（通过混合现象，如弹跳球，实现服从离散和量化规律的传感器和执行器的建模）到控制理论方面（如机械臂的控制及坐标表示）。作为最终项目的方案，在仿真环境 Acumen 中，不同的乒乓球机器人模型以循环赛的形式展开相互竞争。

这三个不同的任务，即研究问题、实验和项目，以共生的方式工作，此研究问题提供了对材料的理论理解，项目提供了对建模和仿真的实际理解，而实验是这两个环节之间的桥梁。

内容概要

第 1 章介绍了赛博物理系统领域的知识，将其置于广泛的背景环境下并解释了这一跨学科主题在当今互联的社会中的重要性。

第 2 章讨论了机械和电气系统的建模，其中包括守恒定律、静力学和动力学。我们将使用线性方程和常微分方程对这样的系统进行数学建模；物理模型针对在连续空间和时间中演化所得到的现象。

在第 3 章中提出的关键问题是我们如何对可能不仅包含连续而且包含离散部分的现象进行建模。我们给的答案是将这些现象建模为混合系统。我们通过将弹跳球建模，使用混合自动机来阐明这一点，并进一步提供具有离散和连续计算部分的物理系统的示例。

第 4 章介绍了控制理论的基本概念，包括静态控制和比例 – 积分 – 微分（PID）控制的动态控制。

第 5 章可看作是第 4 章的延续，我们将考虑数字控制器、作动器和传感器的影响。这些装置会产生量化和离散化等的效应。在物理世界中，CPS 装置的持续演变受控制和感应的离散化、量化效应，可将其建模为一个混合系统。

第 6 章讨论了坐标变换，是 CPS 设计的必要条件，这是控制的关键。我们使用了机器人手臂操作和欧几里得坐标与极坐标之间的转换作为例子。

第 7 章阐明了在多智能体系统中出现的挑战，其中各智能体是不同的，甚至可能是冲突的目标。在涉及多个设备的系统之间架起桥梁，并给出对这些系统的理解，例如资源的竞争或协同。

第8章从适合 CPS 背景环境需求的角度介绍了通信。

第9章同第8章一样，对传感和作动的基础知识也作了关联介绍。

附录 A 包括本书里用的 Acumen 语言的稍加修订的用户手册。

预期的背景

我们的目标是使本书尽可能通俗易懂，并鼓励读者进一步探索远远超出书中所涵盖的广泛的技术主题。也就是说，为了充分利用这本书，读者熟悉（但不一定掌握）以下内容将大有裨益：

（1）算术、基本代数、多项式、几何和三角学。

（2）线性代数和微积分。同样，这里只需要熟悉，而不是精通。

（3）计算机基础知识。学生应该熟悉计算机是如何构建以及它们工作的基本原理，不需要编程经验。

我们意在由本书提供一个良好的环境，进一步开发学生对这些主题的熟悉程度。因此，这本书尽可能地面向所有学科、技术、工程或数学（STEM）专业的大学新生并且可以独立进行学习。

在本书之后

发明、创新、计算、物理系统、建模和仿真是任何一本教科书都无法涵盖的庞大主题，它们也是不断演化的主题，是我们这个世界鲜活的组成部分。即便是你将在本书中学习的赛博物理系统（CPS）的顶层概念，对于一本书来说也太宽泛了。这本书的目的是让你了解外面的世界，帮助你由此入门，如果我们成功了，还可能会激发你。要做到这一点，我们必须在每章中反复踩刹车，以避免涉及的内容过于深入、技术性太强，这也是当你决定想要了解更多关于这些特定主题的知识时选择阅读书籍和研究论文的作用。我们在这方面的理念与本杰明·布鲁姆（Benjamin Bloom）在 1981 年的 *Evaluation to Improvement Learning* 一书中阐述的以下思想基本一致：

> 在每个学科领域都有一些基本的思想，这些思想总结了学者们在该领域漫长历史中所学到的很多东西。这些思想为已知的大多数的东西赋予意义，它们为那些已了解该领域提供知识的人在处理许多新问题时提供基本思想。我们认为，不断地寻找这些抽象概念，找到帮助学生学习它们的方法，特别是帮助学生学习如何在各种各样的问题情景中使用它们，这是学者和这门学科的教师的主要职责。充分学习这些原则和通则，就会成为一个完全不同的人。通过（学习）它们，一个人开始欣赏宇宙的美丽和秩序。通过（学习）它们，一个人学会欣赏人类思想的伟大力量。学会使用这些原则，就拥有了一种与世界打交道的有力方法。（235 页）

为了实现这一思想，我们将本书的范围限定在几个方面，而这些内容由更专业的教科书和课程来解决，读者可以通过在线搜索或者向大学里的顾问咨询很容易找到。因此，读完这本书之后，很自然地，应该是追求更专业化。理解广泛的科学和工程领域是如何联系起来的，与理解特定领域或其专业是两码事。前者称为广度知识，正是本书想要全面论述的。要做到这一点，我们必须省略许多课程中所涉及的内容，这些课程主要针对特定的主题，包括电子线路建模（线性系统、电子学、电力电子学）、物理系统（静力学、动力学、基础物理、经典力学）、计算机系统（数字逻辑、计算机架构）、通信（通信理论、信息论、网络、无线网络、实时网络）、控制（线性系统、数字控制、非线性控制）。在这些领域内寻求更深层次专业化的具体方向有：

1. **嵌入式系统**。要构建实际的物理系统，通常需要对特定的方法和技术有更深入的了解。例如我们不涉及特定的架构、微处理器或流行的嵌入式技术，如 Arduino 或 Raspberry Pi。我们既不讨论电阻器、电容器或其他器件的通用值，也不讨论器件型号（如传输晶体管或运算放大器的流行芯片）。一本介绍现代方法设计的著名教材是：

   Edward A Lee, Sanjit A Seshia. Introduction to Embedded Systems, A Cyber-Physical Systems Approach. MIT Press, 2011.

   可通过 http://LeeSeshia.org 在线获取。

   一本是聚焦于管理设计复杂性的教材：

   Hermann Kopetz. Simplicity is Complex-Foundations of Cyber-Physical System Design. Springer, 2019.

   还有一本以工程为重点的现代经典教材：

   Peter Marwedel. Embedded System Design: Embedded Systems Foundations of Cyber-Physical Systems. 2nd ed. Springer, 2011.

2. **《安保、安全、人因元素、市场分析、法律》**。这本书的重点是我们希望对这个领域的新人有启发和参与的主题。与此同时，要认识到，虽然有许多不同领域的专业知识适用于发明和产品设计，但不可能在一本教材中涵盖，这一点很重要。这里我们列出一些，可能还有其他很多。当今有多少知识，以及为什么团队合作和协同如此重要，这是另一个例子。

3. **形式化验证**（formal verification）。我们的重点是将建模和仿真作为探索新设计和学习核心构建概念的基本方法。我们相信这对初学者和通用人才都非常重要。在构建高保障系统时，采用形式化验证来弥补传统设计方法是十分有价值的。这需要对我们设计的系统特性进行形式化的推导，如果可能的话，还需要使用计算机进行自动推导。涉及这一领域的两本著名教材是：

   André Platzer. Logical Foundations of Cyber-Physical Systems. Springer, 2018.

   Rajeev Alur. Principles of Cyber-Physical Systems. MIT Press, 2015.

   前者课程视频可通过 http://video.lfcps.org 在线获得。

4. **数学基础**。我们的重点是将数学作为一种语言用于清晰地表达思想，比如使用计算机仿真等自动化的工具分析思想，以及个人之间的交流。我们很少强调一般的证明和基础（微分方程、微积分、线性系统、拓扑、实变分析）。

因此，本书的目的不是涵盖所有这些领域，而是为你提供充分的知识来理解这些不同领域的本质和意义，并使你能够认真阅读你选择的更多的知识内容。

我们使用本书教学的经历

作为本书基础的课堂讲义，在哈尔姆斯塔德大学（Halmstad University）被 Walid Taha 和 Johan Thunberg 教授多年，在莱斯大学（Rice University）被 Robert "Corky" Cartwright 和 Mike Fagan 教授多年，在阿尔费萨尔大学（Alfaisal University）被 Abd-Elhamid M. Taha 教授多年。在哈尔姆斯塔德大学，这些知识内容从 2012 年开始以课堂讲稿的形式在发展。这些课堂讲稿可以在 bit.ly/LNCS-yyyy 上找到，其中 yyyy 是指 2012—2018 年之间的任何年份。

以下出版物报道了在哈尔姆斯塔德大学教授这门课程的经验：

Walid Taha, Robert Cartwright, Roland Philippsen, Yingfu Zeng. A first course on cyber physical systems. In Workshop on Cyber-Physical Systems Education (CPSEd). 2013.

Walid Taha, Yingfu Zeng, Adam Duracz, Xu Fei, Kevin Atkinson, Paul Brauner, Robert Cartwright, Roland Philippsen. Developing a first course on cyber-physical systems.ACM SIGBED Review, 2017,14（1）：44-52.

Walid Taha, Lars-Göran Hedstrom, Fei Xu, Adam Duracz, Ferenc A. Bartha, Yingfu Zeng, Jennifer David, Gaurav Gunjan. Flipping a first course on cyber-physical systems: an experience report. In Proceedings of the 2016 Workshop on Embedded and Cyber-Physical Systems Education, ACM, 2016：8.

本课程侧重于第一部分（核心概念），涵盖了第二部分（选定主题）的某一章。本课程最初是大四本科生和硕士研究生的选修课，后改为硕士研究生的必修课。这些课程的知识内容也被用作博士研究生入门课程的基础。在莱斯大学，这是一门选修的本科课程。在阿尔费萨尔大学，这也是一门选修的本科课程。

让我们听听你的意见！

我们非常有兴趣听到学生和老师对这本书的体验，无论是积极的经验，还是改进本书或 Acumen 的地方。想要联系我们，请写信给我们，电子邮箱是 cpsbook@effective-modeling.org。

华盛顿州西雅图　　Walid M. Taha

沙特阿拉伯利雅得　　Abd-Elhamid M. Taha

瑞典哈尔姆斯塔德　　Johan Thunberg

致 谢

正是有了这么几个人，如果没有他们，这本书也不可能存在。

这本书的主题——赛博物理系统领域，如果没有那些众多坚信其必要性的人们的努力，就不会成为现实。我们感谢整个社团，特别是包括 Helen Gill、Edward A. Lee 和 Janos Sztipanovits 在内的核心的远见者，他们在组织社团以及支持本书的努力方面发挥了关键作用。

在认识到赛博物理系统和形式化建模的重要性时，我们深受 Paul Hudak 及其在函数响应式编程以及领域特定语言方面工作的影响。我们把 Acumen 视作是这项工作的延续。Paul 的兴趣遍及编程语言和构建 RoboCup 机器人，这让我们相信像这本书这样的项目是可能的。

如果没有核心开发团队，包括 Adam Duracz、Paul Brauner、Jan Duracz、Kevin Atkinson、Yingfu Zeng 和 Xu Fei 的热情、兴奋和辛勤工作，Acumen 自身是不可能做到的。Acumen 的设计也受到与其他几位同事研讨的影响，特别是 Aaron Ames、Robert Cartwright、Michal Konečný、Eugenio Moggi、Marcia O'Malley、Roland Philippsen 以及 André Platzer。

我们感谢 2012 年春天在哈尔姆斯塔德大学与 Walid 一起学习基于本书早期版本课程的学生和同事：Tantai Along、Maytheewat Aramrattana、Amirfarzad Azidhak、Chen Da、Carlos de Cea Domínguez、Adam Duracz、Carlos Fuentes、Pablo Herrero García、Veronica Gaspes、Nicolina Månsson、Diego Leonardo Urban、Viktor Vasilev、Rui Wang、Fan Yuantao、Yingfu Zeng 以及 Hequn Zhang。他们的兴趣和热情为讲义继续发展至 2013 年版以及与本书当前形式相同的几个后续版本，提供了重要支持。在此过程中，许多其他学生也为本书的发展做出了贡献。

如果没有美国国家科学基金会的支持，也不可能有这本书，因为美国国家科学基金会资助了一个最初由 Helen Gill、后来由 Ralph Wachter 和 David Coreman 管理的项目。该项目内容描述与本书包含的课程大纲内容高度一致。

如果没有哈尔姆斯塔德大学信息技术学院教育主管 Jörgen Carlsson、嵌入式和智能系统（EIS）硕士项目协调员 Stefan Byttner 的支持，这本书也不可能促成实现出版。他们都鼓励引入该课程，并提供学术环境，使其发展并取得圆满成果。

关于本书中传感和作动的章节，从 Per-Erik Andreasson、Emil Nilsson 和 Ross Friel 的讨论和反馈中受益匪浅。

有几个章节的早期版本得益于 Mark Stephens 的编辑。Staffan Skobgy 欣然阅读本书的草稿，并为我们提供了宝贵的反馈。也有几位同事给了我们宝贵的建议，包括 Maytheewat Aramrattana、Jörgen Carlsson、John Garvin、Mohammad Reza Mousavi、

1

Perdita Stevens、Sotiris Tzamaras 和 Kazunori Ueda.。

　　Acumen 参考手册在不同时间点由 Mark Stephens 编辑。关于核心语言及其复杂性，Kevin Atkinson、Adam Duracz、Veronica Gaspes、Viktor Vasilev、Fei Xu 和 Yingfu Zeng 提供了宝贵意见。Roland Philippsen 和 Jawad Masood 从分析动力学专业知识使用者的角度给出了一些建议。

　　Acumen 的开发和本书的支持由美国国家科学基金会（NSF）赛博物理系统（CPS）的第 1136099 号项目、瑞典知识基金会（KF）、ELLIIT 战略网络和哈尔姆斯塔德大学提供。Acumen 的开发还得到了几家企业和机构赞助商的支持，包括美国国家仪器（NI）、斯伦贝谢、沃尔沃技术集团和 SP（现为 RISE）。

　　我们非常感谢 Roslyn Lindquist 为这本书创作了精美的插图，并优雅地包容了我们最后一刻的完善、更改和需要更多插图的要求。

　　最后，但并非最不重要的一点，我们必须承认我们确实亏欠了父母的一些亲情，包括母亲不厌其烦地教导我们，让我们知道数字 2 和 3 的区别，以及父亲回答了我们无数的问题。我们将永远心存感激。

目　录

第一部分　核心概念

第一部分

核心概念

第1章 什么是赛博物理系统?

我们的出发点是反思今天的世界,并思考所谓赛博物理系统(CPS)的事例和特征。然后,我们审视创新过程和相关劳动力面临的挑战。接下来,我们将解释 CPS 领域是如何将之前的几个不同领域,如嵌入式系统、控制论和机电一体化,结合在一起的。最后,概述了你可以从这本书中学到什么。

1.1 我们的星球 我们的知识 我们的命运

我们生活的世界正以前所未有的速度变化中,当前比历史上任何时候都更加迫切地需要以新的方式看待科学、技术和社会现象,这种新的方式可以帮助我们理解我们的星球、我们自己以及我们如何能够掌控我们群体的命运。我们的人口以及我们对地球资源的消耗正在日益飙升。据估计,世界人口接近 80 亿[1],每年人均能源消耗约为 20 MW·h,相当于每年 2 吨石油当量[2]。

幸运的是,随着强大的通信基础设施的开发和可用性的提高,我们对世界状况的认识和我们对世界状况的影响能力也在提高。例如,值得注意的是,全球智能手机用户数量已经超过 30 亿[3],接近世界人口的一半。这意味着我们共享信息和合作的群体能力已经达到了惊人的水平。

毫无疑问,我们在科学、技术和社会科学领域的知识,在塑造现代世界方面发挥了关键作用,尤为重要的是计算和通信领域的知识。由于数字计算和通信的长足进步,这些领域见证了人类超常快速的发展。在人类知识史上,这些领域都是处于相对较新的发展阶段,目前我们视其为独立的学科。在研究和教育领域,与数字计算和通信相关的主题被视为不同的专业领域。

长期以来,劳动力市场一直重视专业知识。但在当今的知识经济中[4],专业化也带来了新的挑战——导致新的突破性创新过程严重依赖于跨学科的协同和洞察力,对于具有物理表现形式的数字产品尤其如此。许多基于互联网产品的成功,正是得益于"纯信息技术",虽然这方面的创新相对容易,但目前对于那些能够感知物理世界并与之交互的系统而言,创新并不容易。造成这个问题的原因是多方面的。要开发具有物

---

① 联合国《2019 年世界人口展望》。

② 国际能源署(IEA)的统计数据显示,每年人均能源供应总量(TPES)约为 2 吨石油当量(TOE),这相当于 22 MW·h,每 TOE 的转换率为 11 MW·h。

③ Statista 报告,全球有 33 亿智能手机用户。

④ Powell,Snellman. 知识经济,2004.

3

理表现形式或"化身"的系统，需要来自许多领域（例如机械工程师、计算机科学家、电气工程师、计算机架构师等）不同专业的知识，而这些领域的专家可能没有共同的语言。此外，在许多情况下，解决这个问题需要找到这些学科基础的共同点，以及在这些不同领域专家的教育中能够反映这些共同点的方法。

并非只有我们持这种观点。鉴于数字技术在现代生活中的普及程度，越来越多的研究人员和教育工作者认为，未来需要与许多其他学科进行更紧密的集成[①]。家庭、健康和娱乐领域的大量创新产品的开发，都需要若干受过不同高级训练（如硕士或博士学位）的创新者之间的密切协同。目前，大学层面的学科组织似乎阻碍了达成如此协同所需的跨学科交流。科学知识的组织及其教育的传递似乎是遥不可及的问题，但它们对劳动力有具体的影响，并因此影响我们为我们所生活的世界做出贡献的群体能力。

1.2 观察 理解 创新

本书的目的之一是帮助你学习一些技能，让你更好地观察周围的世界以及新产品和新技术——这是本书涵盖物理建模的原因之一。这样做还有一个目的，那就是提高你对用于所在世界建模的数学知识的认识，并且创造机会展现这种类型的数学如何给这个世界提供见解。数学为我们提供了一种方法，用以检验我们对不同现象的理解，并因此也为我们提供了一种提高这种理解的方法。我们对需要解决的问题以及用于满足这些需求组件的理解，成为成功创新的先决条件。

1.2.1 赛博物理系统和混合系统

虽然文献中使用了多个定义，但早期的定义是比较简单且直观的。根据 Lee 和 Seshia 的说法，赛博物理系统（Cyber-Physical System，CPS）术语是由美国国家科学基金会（NSF）的 Helen Gill 在 2006 年前后创造的，指的是计算与物理过程的集成[②]，通常它还具有通信或网络方面的功能。

如果我们从建模所需的数学角度来考虑这一描述，那么开始就能看到这样一些技术需要：计算组件产生了对离散建模的需求；物理组件对连续建模的需求；通信/网络方面对概率的需求，也可能带来对博弈理论建模的需要。许多数学建模领域将使用连续或离散数学，而不是混合使用它们。事实上，把二者结合起来会出现一些基本的技术问题。如果再叠加概率的话，就更加需要注意。但在实际层面上，结合离散和连续组件表示的简单模型，需要一种可以同时表示两者的建模形式。这正是混合（连续/离散）系统所提供的。在本书中，我们将广泛使用连续系统、离散系统和混合系统来对赛博物理系统（CPS）进行建模，并在介绍博弈论、通信、传感和作动的基本概念

① Stankovic，Sturges，Eisenberg. 21 世纪赛博物理系统教育，2017.

② Edward A. Lee，Sanjit A. Seshia. 嵌入式系统导论. 赛博物理系统方法，2011：12. http://LeeSeshia.org. ISBN 978-0-557-70857-4.

时恰当地使用概率。

1.2.2　事　例

在我们的日常生活中，有许多有关 CPS 的事例。在家中，我们常见的有清洁机器人、智能照明系统以及智能供暖\通风\空调（或称为 HVAC）系统。

至于交通工具，我们有汽车、飞机、摩托踏板车、赛格威（滑板车）和电动自行车。像这样具有典型代表性的系统，我们期待在未来看到重大创新和发展的领域。例如，虽然汽车已经存在了近 350 年[①]，但像车道偏离预警系统（LDWS）等新功能现已在汽车产品线中得到运用。

在医疗解决方案中，有心脏起搏器、胰岛素泵、个人辅助机器人和智能假肢。这些技术中有许多直到最近才出现，但它们具有拯救生命、显著改善健康和福祉的潜力。可穿戴健身和健康监测系统，有望对使用者产生巨大的积极影响，无论他们是否健康，是否有身体或认知的障碍。健康监测系统只是整个传感器网络领域的一个例子，传感器网络还包括那些可用于观察大规模陆地、海洋或大气空间的由微型传感器组成的网络。

最后，来自能源部门的事例有风机、智能电网和各种能源收集技术。事实上，我们把整个地球当作一个独立的、巨大的 CPS 一点也不夸张。

虽然，你在本书中获得的技能主要围绕你所能构建的系统，但这些相同的技能也将帮助你更好地理解现有的系统。

当我们研究这些事例时，我们注意到，有些事例相较于其他而言，更具未来感，或更具震撼感。例如，赛格威似乎比汽车更加依赖于"赛博"（或计算）组件。汽车可在没有计算部件的情况下存在和运行，但是赛格威只有两个轮子，如果缺少使它保持直立的计算组件，它是否能够存在或工作就都不那么明确了。

从机械的角度讲，赛格威是一个不稳定的系统，这可以从数学上证明，如果关闭使其保持直立的计算组件，它应该会摔倒。赛格威采用了实时控制系统，运行在专用的嵌入式计算机上。然而，传统上许多系统被设计为在没有主动控制的情况下保持稳定，赛格威和若干代的喷气战斗机（如 Saab JAS 39 鹰狮）的稳定性设计严重依赖于主动控制[②]。所有这些案例的想法是，追求这条技术路线会带来更有效的设计，而这些设计可以实现在没有主动控制的条件下不可能实现的某些功能。由于各种技术原因，如果没有计算组件，控制本身是不可能实现的。帮助你理解是什么使得一个系统更加难以实现，这也是本书的目的之一。这通常与使它看起来具有未来感和震撼感的东西完全相同[③]。

---

①《汽车史》提供了一个可能与 1672 年一样古老的例子。

② 这种类型飞机的功能有时称为超机动性。

③ 克拉克第三定律指出：任何足够先进的技术都与魔法没有区别。从某种意义上说，我们在这里所说的，看似神奇的东西往往也是我们知识的边缘，因此我们更需要推进以增加我们对世界的理解。

虽然强大的空中交通工具令人印象深刻，但从总体上来看，它们的应用是相对有限的，对日常生活的影响也是极小的。相比之下，智能家居技术可能会产生更大、更直接的影响。例如，建筑物的供暖和制冷、衣物的洗涤和烘干，以及人员和商品的往来运输，都要消耗大量的能源。这意味着，暖通空调系统的优化可以对全球能源消耗产生重大的影响。类似地，计算系统可使复杂的水培园艺在家里为我们提供本地的新鲜营养供应。如果将两者结合起来，还可以对家庭舒适度的各种参数（空气湿度、二氧化碳水平等）进行更先进的管理，并改善健康和生活条件。

1.2.3　计算系统对比物理系统

当我们第一次听到赛博物理系统的定义时，通常会假设计算子系统和物理子系统是不同的。通常情况下也是这样的，但并不总是这样。关键点是，当我们使用这些名称时，都是在抽象。每一个我们能够想到的物理系统，根据其定义，都具有物理组件。同时，计算是一个抽象概念，当我们认为存在一个数学函数或关系时，它能够识别该函数或关系。今天，我们通常认为计算是通过数位来执行的，但情况并非总是如此，比如模拟计算机早就存在，量子计算机也已在建造中。即使我们将自己局限于数字计算，计算和物理这两者之间的区别仍然模糊不清，比如现代微处理器的某些方面，基本上也会涉及本书所讨论的所有计算的和物理的方面。特别是对微处理器设计者来说，其中物理和计算同时存在，并且它的物理特征和计算特征之间直接相互影响。

1.2.4　生物和智能系统

虽然许多 CPS 研究和教育的重点在于我们可以构建并开发成为产品的系统，但反思这一类具有 CPS 众多特征的系统，即包括我们自己在内的生物系统，也是有指导意义的。尽管我们经常将生物看作纯粹的生物系统，但生物系统显然具有物理表现。这些表现同时反映了一系列物理现象，包括机械的、化学的、电磁的和光学的。与此同时，它们通常似乎具有完美的计算能力和通信能力。生命系统可以成为设计新的 CPS 并提供巨大的灵感的来源，同样，CPS 的进步也可以为我们提供更好的工具，从而加深对生命和我们自己的理解。例如，生命系统是人工智能领域的灵感来源。人工智能的目标是开发计算方法以解决现实世界中最重要的问题，但对于这些问题，我们甚至可能还没有一个明确的概念，即什么是可接受的解决方案。

本书中没有哪一部分专门介绍这种系统，但所涉及的原则仍然适用。

1.3　开发新的产品

为了系统地开发一个新的产品，拥有一个共享的产品开发概念十分有益。不同的组织，甚至不同的个人，都有不同的方法，因此，必须考虑所有流程的共同特性并将其作为起点。我们至少可以在产品开发流程中区分出四类制品：想法、模型、原型和产品。这并不是一个详尽的清单列表，但足以让我们描述任何这类流程关键的方面。

想法是对象、功能或设计的心智概念。想法是丰富多彩的灵感境界。好的想法通常产生于这样的环境：在此环境下我们可以很好地理解需要解决的问题、解决方案所处的应用背景环境以及可行解决方案的空间。因此，好的想法产生于认识到真正的需要，以及科学、技术和社会使其实现的可能性。

模型是一种形式化的描述。在这种情况下，"形式化"一词是指具有一定的形式，如句法或几何表现。因此，文本或图形描述均可当作是形式化的。数学描述也是形式化模型的最好例子。从想法到模型，使应用概念和计算工具来分析新的功能或设计成为可能。显然，数学描述具有易于数学分析和推理的优点，但其他形式化模型也可具有类似的特征。像专利中常见的那样，用简单的语言，可能还包括一些图来描述模型，比数学模型更容易得到普通受众的理解。模型也可使用计算代码来实现，用于高效的早期的测试和开展空间设计的探索。

原型是模型的一个物理的、可运行的实例。使得更多的早期测试成为可能，与分析或计算所能实现的确认相对比，这样做在量化上有所不同。原型可以用来评估安全性以及使用者对产品概念的第一手经验的反应。如今，3D 打印等增材制造技术已被证明是一种强大的工具，可以实现最小的延迟、成本，快速构建原型。

产品是一种制造出来的商品，以商业的方式出售给最终用户。虽然公众经常将新技术与新产品等同起来，但构建产品涉及的远不止技术的创新。创造产品包括对市场的系统分析、寻找融资、招募、管理、生产规划、物流、营销、销售、订单、客户支持以及其他业务操作活动。尽管本书没有涵盖这些方面，但能够明白这些是交付最终产品的重要工作组成部分也很有意义。

图 1.1 描述了这些制品之间的典型关系，以及从一个制品转到下一个制品的基本迭代循环。根据通用法则，一般情况下，从一个开发阶段转到下一个开发阶段，需要比前一个阶段至少付出一个数量级（即 10 倍）的努力。这种从一个阶段转到下一个阶段的工作组合，加之流程中经常涉及重要的迭代和改进的事实，意味着在我们转到下一个阶段之前，最大化地确保中间制品的质量可以显著降低最终成本。从流程途径的后期迭代回退，会导致高额成本，而避免发生迭代回退则是建模和仿真的动机之一。在最糟糕的情况下，这些高额成本将会包括生产缺陷，如波音 737 Max 机型的问题、丰田汽车刹车系统的问题和英特尔奔腾 CPU 的漏洞。

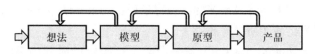

图 1.1 开发新产品的典型流程

这些例子说明，越有能力创造更好的想法、模型和原型，作为创新者就越能获得成功。这一观察凸显出诸如虚拟原型（使用严格的建模和计算仿真）、测试（计算组件和物理组件）、形式化验证（离散、连续和混合系统）以及基于模型的生产和制造等技术的重要性。

1.4 赛博物理系统是新的领域吗？

虽然"赛博物理系统"这一术语相对较新，但我们应该考虑这种研究系统的方法背后，领域或思想是否也是新的。重要的是，一个学科的开创者、创新者和领导者需要反思和理解这个领域的本质特征及其存在的原因。当我们这样反思和理解 CPS 时，我们必须考虑广泛的相关学科，并反思它们是如何相互连接的。以下我们将考虑几个相关的概念，并讨论它们与 CPS 的关系。

混合系统（hybrid system）是一种同时具有连续行为和离散行为的数学模型，相关领域就有**开关系统**和**脉冲微分方程**。尽管许多 CPS 在数学上可以建模为混合系统，但重要的是，我们要区分实际物理系统、系统数学模型以及用于研究这种系统技术的概念。

数学模型是为了捕捉所观察的行为，但当模型无法解释的新观察现象出现时，就必须对模型进行修改甚至替换。认为物理系统的模型是连续的，而计算系统的模型是离散的，是一个普遍的错误。物理系统的模型可以是连续的、离散的或者两者的结合。例如，1913 年引入的玻尔模型（Bohr model），这一概念提出了电子仅能存在于原子核周围不同的离散的轨道之上，为量子力学模型埋下了种子。在本书中，我们将研究一个简单弹跳球的混合模型，飞行是一个连续的行为，弹跳是一个离散的事件。此外，在量子层面上，许多重要的现象不能简单地被视为连续或离散的系统，确切地说，应是概率系统。计算系统不能总是被视为纯粹的离散系统。数字计算机通常由连续的电子电路实现，而电子电路设计为只有将其视为离散系统时才能可靠地运行。还有一些系统被称为模拟计算机，它们是连续系统。这种系统的一些例子可以通过数字计算机完美地实现。最后，量子计算是依赖于概率模型的一个活跃的研究领域。CPS 是真实世界的对象，而混合系统是数学抽象。

嵌入式系统（embedded system）是内嵌在物理系统中的计算系统。任何 CPS 都包含一个嵌入式系统。主要的区别是，术语"嵌入式系统"主要反映的是对计算组件（嵌入在更大的物理系统中）的关注。传统上，嵌入式系统的研究主要集中在离散系统自动机的形式化验证、硬件设计、最小化能耗和生产成本以及嵌入式软件开发等问题上。CPS 视角强调考虑计算系统的物理背景环境的重要性，这通常是设计、测试和验证我们正在开发的功能所必需的。

实时系统（real-time system）是一个必须在限定的时间内响应外部变化的系统。许多实时系统都是嵌入式系统，但不是全部。例如，通常不会将自动交易代理视为嵌入式系统，即使它必须在严格的时间条件下运行，才能有效地响应快速变化的市场条件。传统上，对实时系统的研究主要集中在具有周期性或非周期性请求模式、多个（可互换的）计算资源、不同优先级的任务以及实时通信系统中的调度或实时任务。自然，这个领域的研究通常集中在最坏情况下的运行时需求。CPS 可能是，也可能不是实时系统，如汽车中的控制系统有实时限制，但声音系统不一定有这种限制。

可靠性（reliability）是指系统在某些组件发生故障时仍能继续执行其功能的能力。可靠性可通过几种方式实现，从使用更加坚固的材料建造组件到增加冗余和错误检查措施，从而可检测和尝试补偿错误和故障。在许多领域，包括计算系统，已将概率方法有效地用于提高可靠性，同时保持成本可控[①]。然而，概率方法只是设计和构建可靠系统的一种工具。掌握系统设计中其他更基本的概念，可让我们更有效地使用概率方法。不同的 CPS 有不同的可靠性要求，可靠性不必在所有单个 CPS 的开发中占据显著地位。然而，总的来说，随着不同 CPS 之间连接的增加，越来越需要考虑每一类型个体的赛博物理子系统对全系统范围可靠性的影响。

相依性（dependability）是一个更全面的概念，它可以包含几个相关的属性，如可用性、可靠性、持久性、安全性、安保性、完整性和可维护性。在系统工程的跨学科领域的背景环境下，可以将其当作这些组合属性的测度。通常，人们认为系统工程既是工程又是工程管理的一个领域，反映了其在传统工程和传统管理之间的独特视角。我们认为，系统工程和相依性对发明者和创新者都非常重要，本书所涵盖的内容将为读者在这些学科中开展进一步研究奠定坚实的基础。

多智能体系统（multi-agent system）是由交互对象组成的数学模型[②]，通常与**博弈论（game theory）**数学学科联系在一起。多智能体系统和博弈论提供有用的技术，为信念、知识、意图、竞争和协同等概念进行建模和推理。通常认为智能的概念与多智能体系统有关，存在离散和混合（连续/离散）博弈的数学模型。与混合系统的研究不同，多智能体系统和博弈论聚焦于智能体（agents）共同的行为，而不是个体的行为。

最后，CPS 与机电一体化、控制论、机器人和物联网（IoT）等学科密切相关。这些学科的一个共同特征是它们具有高度的跨学科性。与机电一体化、控制论、机器人这前三个学科相比，CPS 可视为更全面方法的尝试，并与后者物联网相当。机电一体化的教材中并没有用很大的篇幅讨论通信和网络，或混合系统基础。控制论的教材中涉及了混合系统等问题，仍被认为是相对先进和专业的。显然，机器人[③]是 CPS 的最佳示例，能够表明设计创新的 CPS 产品所面临的诸多挑战。我们将会设计一个项目，

---

① 关于使用概率作为可靠性模型的例子，可参考 Johan Rhodin 在 Wolfram 技术论坛的演讲。

② 我们所使用的定义部分受 *Multi-agent Systems* 一文中定义的启发。有关该主题的更多信息，参阅 Shoham 和 Leyton-Brown 的在线文本。

③ 我们所使用的定义较 *Robot* 一文中的定义更具体。当提及纯粹的计算（"虚拟"）系统时，我们避免使用这个词，我们认为该术语的使用具有隐喻含义。

通过将乒乓球机器人作为一个运行案例予以研究，此项目会在不同的章节中逐步地开发。对于 CPS 和物联网，一直有这样的观点：世界正变得高度衔接和计算化，两种方法可能会融合。历史上，一些人认为 CPS 是从控制论团体中产生的，而物联网则是从通信团体中产生的。

1.5 你将从这本书中学到什么以及如何学习

本书的具体目标包括：

- 帮助你领会几个不同学科的价值，成为一个有效的创新者。所涉及的学科包括物理建模、控制、混合系统、计算建模和博弈论。
- 为你提供基于模型的设计经验。这些经验将帮助你熟悉它们之间的差别：一方面是实际物理系统及其现象，另一方面是数学模型。它还可助你领会虚拟原型对于快速产品开发以及快速积累领域或产品知识的重要性。
- 让你有机会重温和提高你的数学技能，包括数学建模、微积分，以及解简单的代数和微分方程。

本书包含一个基于仿真的项目。仿真具有许多十分有价值的作用，包括：

- 提供积极接触数学建模的机会。
- 避免出现分析性解决方案的需要。分析性解决方案是一种支持我们进行计算的公式形式，通常仅用于比仿真更小型的一类问题中。
- 与物理实验相比，可进行更多的虚拟实验。由于成本、安全性和可控性等原因，有时物理测试可能令人望而却步。
- 比物理实验更容易测量和评估。
- 提供学习 CPS 设计中一项重要技能的机会，即系统实验。
- 增加创建 CPS 设计成功的机会。
- 生成许多有用的可视化效果。
- 促进动画和计算机比拼游戏的创作。

如前所述，这个项目将聚焦于研究一个机器人问题，即如何设计一个会打乒乓球的机器人。为什么机器人技术是 CPS 领域有用的示例？有以下两个原因：

- 它包含赛博组件和物理组件之间的密切耦合。
- 即使是简单的三维动力学刚体建模，也需要使用混合的非线性常微分方程(ODE)。

设计机器人可以满足：

- 嵌入式和实时计算的重要需求。
- 考虑沟通和信任问题的需要。

根据这些经验，我们可以了解随着系统某些特性 / 参数的增加，系统设计如何变得更具挑战性。例如：

- 模型的复杂度可能由以下因素导致:
  - 自由度(在物理系统模型中)增加;
  - 状态空间的规模(在计算系统模型中)增大;
  - 被感知或被作动(在控制系统视图中)减少;
  - 组件的相依性(跨所有方面)降低。
- 对比简单方程与时间相关方程,可通过以下方式:
  - 线性到非线性的常微分方程(ODE);
  - 常微分方程到偏微分方程(PDE);
  - 常微分方程到积分/微分方程(IDE)。
- 计算模型,可通过以下方式:
  - 布尔电路到自动机到图灵机;
  - 仅离散或仅连续的系统,到包含两种行为类型的系统(混合系统)。
- 不确定的模型参数、结构、维度和决策。

对于开发最先进工具的工程师和开展基础研究的人员,复杂的系统充满了挑战。了解当今的分析软件和计算工具能够处理什么,可助你聚焦于设计,若此设计对分析和设计系统是可行的,这会让你成为更有效的创新者。了解知识的前沿在哪里,是确保基础研究取得进展的前提,它能够让你成为一名更有效的研究人员。

恭喜你看完了上述内容!在继续、总结本章之前,我们建议正在使用本书作为 CPS 课程材料的读者查阅 Acumen 手册,参阅附录 A。Acumen 可用于项目的仿真和建模环境。

1.6 缩写的提示

我们注意到,在过去 10 年里,对于如何使用 CPS 作为术语 Cyber-Physical Systems 的缩写,特别是在复数情况下,存在着明显的混乱。这一点是值得提出来的,因为使用缩写可以使阅读更容易,有助于避免混淆。最棘手的一点是,CPS 的缩写形式既用于研究一种类型系统领域的名称,又用于一组系统的复数。具体来说,如果我们想要对 The area of Cyber-Physical Systems is new(赛博物理系统领域是新的)缩写,可以用 CPS 来代替 Cyber-Physical Systems;相反,如果我们说 Both cars and robots are Cyber-Physical Systems(汽车和机器人都是赛博物理系统),则用 CPSs 来代替 Cyber-Physical Systems。

如果有疑问,请对照术语操作系统(OS)思考。如果我们想要对 The area of Operating Systems is new(操作系统领域是新的)缩写,我们应该用 OS 来代替 Operating Systems;相反,如果我们说 Both Linux and BSD are Operating Systems(Linux 和 BSD 都是操作系统),则用 OSs 来代替 Operating Systems。

1.7 本章的亮点

1. 赛博物理系统：今天和明天
（a）示例：自动驾驶汽车、智能电网、智能家居、智能城市。
（b）一个智能星球。
（c）人类面临的挑战：创新、安全、隐私、安保、法规和伦理。

2. CPS 是新的吗？
（a）与其他领域的关系。
（b）劳动力和教育挑战。

3. 创新过程
（a）有区别且易于识别的阶段：想法、模型、原型、产品。
（b）在各个阶段之间每一次转换都增加了一个数量级的成本。
（c）过程高度迭代的特质。
（d）失败的代价。"滞后"发现缺陷的成本可能呈指数级增长。
（e）虚拟原型和验证的作用。

4. 为什么选择本书？
（a）目的是向你介绍这个领域，当你需要的时候知道去哪里寻找相关知识。
（b）强调建模和仿真，这有助于你理解数学，加速你的实验和创新能力，而且很有趣！

5. 你将从这本书中学到什么？
（a）通过学习混合系统、控制、通信和博弈论，认识技术复杂性的来源，包括理解系统动力学的本质（线性、非线性、ODE 等）以及所研究系统的规模（在离散和连续领域）。
（b）通过一个深入的案例研究（项目），获得经验。

1.8 研究问题

1. 用你自己的话解释，你认为数学是如何帮助你成为一个更好的创新者的。
2. 考虑一个产品，预计在不久的将来会出现在市场上。对于这个产品，描述在构思、模型、原型和产品阶段应该解决的问题。
3. 用你自己的话解释，根据你的经验，如果你想设计和制造一个能和人打乒乓球的机器人，可能会遇到的所有挑战，尽可能详细描述。你可以在网上搜索与这个问题相关的结果，包括引起你关注的结果。把你的回答限制在 600 字以内，一页纸即可。
4. 对于你选择的其他 CPS，重复问题 3 的研究内容并与同伴讨论。

5. 举一个例子，对这些研究领域都很重要的问题。确保在每个领域里，这个问题都是该领域的核心：嵌入式系统、实时系统、可靠性、机电一体化、控制论、多智能体系统和物联网。

1.9　实验：热身练习

实验活动的目的是在本章讨论的理论与项目中更多的实验活动之间架起桥梁。实验和项目将会用到 Acumen。Acumen 是一个专门针对 CPS 设计的开源建模和仿真环境。本书附录 A 包含了 Acumen 的使用手册。该发行版包含一组将在实验中使用的示例。

第一个实验的目的是建立建模与仿真的实践经验。实验活动如下：

- 在你的计算机上安装 Acumen。需要完成：
  - 下载 Acumen 2016/8/30 发行版；
  - 解开压缩包或 zip 包；
  - 在解压缩的文件夹中找到 Jar 文件并运行；
  - 如果不能立即运行，请转到 Java.com，下载并安装 Java 8，然后重新启动计算机，再次运行 Jar 文件。
- 完成 Acumen 中的第一组示例。练习这些是为了实践。
  - 几何学（在 3D 环境下就如同现实世界，为了探讨机器人的手臂，我们需要弄清楚它）；
  - 动力学，譬如 $f = ma$ 等所需的基本微分方程；
  - 动画，即上述两者的简单结合；
  - 在实验中解决这些问题有助于你熟悉 Acumen 的概念和句法，以及学习如何处理简单的错误消息（主要与句法有关）。

这些示例位于 01_Introduction 示例文件夹的三个子文件夹中。第一部分（00 ~ 09）中是静态 3D 形式的示例；第二部分（10 ~ 19）中是动态行为及其绘图的示例；第三部分（20 ~ 29）中是动态 3D 形式的示例。

逐一审视这三个部分中所有的示例。对于每个示例，阅读文本模型及模型本身，写下你对模型行为的预期，再运行模型并将你的预期与见到的运行结果进行比较。接下来，对模型做一些微小的改动，以测试你对其工作原理的理解。你将会发现，每个示例都包含问题和挑战，这可以帮助你完全理解每个模型。审视这三个部分中的示例是一个很好的复习数学概念的方法，这些概念在之后几章都会用到。

你可以自由发挥和实验，想出任何你想要的形状！这些实际例子的介绍足以让你创建许多真正有趣的 3D 形状。

第三个部分中的示例特别有助于为接下来的章节学习做准备，因为里面介绍了几个基本概念，说明微分方程是如何用于动力学模型的。下面对这些概念简要概述：引入简单密集时间模型，方程为 $x' = 1$。在讨论这类方程时，常会出现常数和多项式的定积分，但只有在做数值计算时才需要求出积分。求解这些微分方程的仿真环境（如 Acumen），也可以自动计算数值解。高阶导数用方程 $x'' = 1$ 表示。指数函数由方程 $x' = x$ 和 $x'' = -x$ 导入。复指数函数（三角函数）由等式 $x'' = x$ 引入。这些系统也是线性微分方程的例子。简要地说，物理系统可以用这些类型的方程（落球、电流、交流电流等）来建模。钟摆方程 $x'' = -\sin x$，显然是机械模型中产生的一个非线性的例子。

1.10　项　目

　　为你提供一个具体的案例研究是本项目的目的，既可以应用你在每一章所学到的知识，同时，也为你提供一个机会，亲自体验设计 CPS 的挑战和回报。为了实现这一目的，该项目专注于 CPS 设计任务的一个例子，即建造一个会打乒乓球的机器人。虽然制造一个机器人通常需要大量的时间、空间和财务资源，但我们可以使用基于模型的设计和仿真技术来创建一个完整的蓝图，并且以较低的成本显著提高我们的知识和技能。

　　第一个项目活动将让你了解你将在项目中使用模型的总体方式。《加农炮海滩》游戏旨在帮助你运用物理学、控制、微分方程和其他领域的知识来解决具有挑战性的设计问题。这些知识让你在某些领域更深入。这种专业知识的多样性是常见的，在现实世界里也是典型的。利用已有的经验找到解决困难的方法，并在应对新挑战时继续开发自己的技能，这是一项重要的工程技能。

　　图 1.2 所示是游戏的可视化的样子。从左到右分别是一堆加农炮弹、加农炮以及攻击目标。游戏时，攻击目标（靶心）出现在不同的位置。当炮弹发射时，它以给定的速度和加农炮指向的角度飞行。飞行角度可由地面到加农炮的距离来测量。炮弹受重力和空气阻力的影响。你可能已经知道很多关于重力的影响，但对空气阻力知之甚少。这个问题让你有机会了解，如何对空气阻力进行建模，以及它是如何影响问题的求解的。

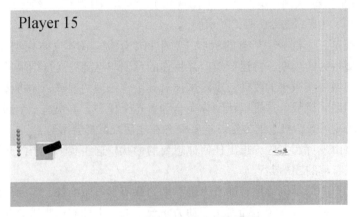

图 1.2　游戏显示的可视化画面

你的任务是设计一个玩家（或"控制器"），由玩家给出加农炮的方向，目的是击中目标。击中的目标越准确，得分就越多。

该控制器以攻击目标的位置作为输入，必须计算出角度值。现在你可以假设速度是给定的（见模型）并让它保持。具体的技术细节：假设重力 $g = 10 \text{ m/s}^2$，空气阻力系数 $k = 0.01 \text{ m/s}^2$。目标可以出现在位置 –6~6 之间的任何点位，你需要通过解读游戏模型来弄清楚完整的细节。

这份作业需要你提交以下模板的修改版本。在该模板中，模型参数 position、target、velocity 分别表示加农炮的位置、目标位置和炮弹速度。输出的角度值应该在 0 和 π 之间。

```
model ResponseExample(position,target,velocity) =
initially
   angle = 0,distance = 0
always
   distance = target - position,
   angle = pi/4
```

1.11　进一步探究

为了进一步探索，在每一章结束前，你都会找到所指向的文集。有些更专业，有些会让你感到轻松愉快，目的是帮助你在本章的基础上进一步探索。

- CPS、机电一体化、创新和机器人技术的背景。
- Lawrence Lessig 关于创新自由面临威胁的演讲。
- 一篇关于开放式教育兴起的美国新闻报道。
- Hans Rosling 关于世界人口的演讲：宗教与婴儿。
- 关于"太空奇观"的法律问题：
  - Chris Hadfield 的网站；
  - 《经济学家》关于太空版权的文章。
- 《经济学家》关于开源医疗设备的文章。
- Wired 网站上关于 3D 打印的文章，3D 打印是一种可以彻底改变制造业的技术。
- 《纽约时报》上一篇关于为什么创新者随着年龄增长而变得更好的文章。
- 关于 MOOC 领先供应商，一个模拟的 Coursera 课程。
- 数学家的悲叹。
- 一个幽默的视频，说明了本课程无法帮助解决的问题。
- 关于 CPS 的欧洲暑期学校。
- 来自 Halmstad 学术研讨会的技术视频。

第 2 章　物理系统建模

我们如何利用数学来预测物理系统的行为？

本章我们将介绍物理系统建模的原理，微分方程（特别是常微分方程 ODE），方程组，向量微积分，一维、二维、三维机械系统（静力学和动力学），以及电阻电路和线性电路。

2.1　与物理世界的重新连接

第 1 章我们解释了 CPS 为何会普遍存在于现代社会之中。这些系统与物理世界紧密耦合。为了理解这些系统并建立开发创新所需的新的技能，我们需要具备物理系统建模的一些经验。问题的物理特质通常会带来解决方案的出现，或者影响新产品所能解决给定问题的程度。

问题依赖于物理现象，物理现象有助于建模。对于不同的问题，我们可能希望对其开展物理、化学、生物、经济甚至社会现象的建模。在研究我们的解决方案时，查阅专著或研究所有可能对于系统行为具有重大影响的特定现象建模的文献将大有裨益。

物理学在赛博物理系统的设计中起着至关重要的作用。物理学包括力学、电磁学、光学和热学等，所有这些甚至常常会出现在 CPS 的赛博（计算）组件的实现中。幸运的是，理解了这些系统的基本原理，可帮助我们分析现实世界的问题，开发我们的"数学肌肉"，可帮助我们在需要时学习更多关于建模的知识。

2.2　守恒定律

物理建模中的主题是守恒定律。这些定律是数学建模过程的核心内容，因此关注这些定律将大有裨益。

机械系统的守恒示例，包括：

- 能量守恒；
- 动量守恒（平移和旋转）；
- 质量守恒。

电子系统的主要守恒示例是电流守恒。

物理学中，更深层次的原理让我们能够将涉及的一些基本原理关联起来。例如著名的方程 $E = mc^2$，建立了能量和质量的关联。对我们而言，这些原理的重要性源于其实用性，因为我们能够对物理系统进行建模和分析。

2.3　机械系统中的元素

包括守恒定律在内，机械系统和物理系统都有标准的元素。机械系统中的示例包括：

质量： 质量的基本定律是 $F = ma$，其中 F 是力，m 是质量，a 是加速度。注意，这是一个二阶微分方程，因为 a 实际上是 x''（x 的二阶导数），而 x 是位移。还需要注意，处于一维、二维或三维空间时，这个等式都是成立的。在所有情况下，F 和 a 都是 n 维向量，其中 n 是我们所讨论工作空间的维数，但 m 始终是标量值（一维）。

力（包括重力）： 表示两个物体之间基本机械作用的元素，也包含在基本定律 $F = ma$ 之中。对于我们的目的，力可通过物理接触或重力影响而发挥作用。

杠杆： 是由一根基于支点而平衡的长杆组成的元素，有两个力分别使长杆朝着相反的方向转动。如果围绕支点的力矩相等，杠杆就处于平衡状态。在图 2.1 所示的示例中，意味着：

$$m_1 g a = m_2 g b \tag{2.1}$$

有趣的是，我们可以看到重力加速度 g 在方程两边都是乘数。这说明两件事：在极少没有重力的情况下（即 $g = 0$），这个方程对于任何质量和长度都成立；实际中，在重力加速度不为零的情况下，我们可在方程两边同时除以 g，便得到

$$m_1 a = m_2 b \tag{2.2}$$

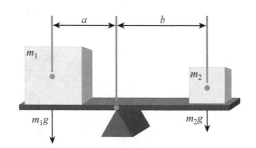

注：两个质量体 m_1 和 m_2 到支点的距离分别为 a 和 b，
调节 a、b，可使系统处于平衡状态且不再有运动。

图 2.1　两个质量体 m_1 和 m_2 被放置在一根基于支点平衡的杠杆上

摩擦： 一种产生与运动（或运动趋势）方向相反力的现象，记为 F_{friction}。摩擦力通常与法向力（F_{Normal}）成正比，法向力方向与运动方向（通常是在另一个物体的移动表面）垂直。在图 2.2 所示的示例中，法向力向上。

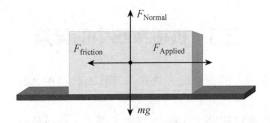

注：摩擦力 F_{friction} 的作用方向与 F_{Applied} 相反，重力与方向相反的法向力相抵消。

图2.2　向右施加力 F_{Applied} 推动盒子

弹簧： 一个利用胡克定律建模的组件。其产生的力通常表示如下：

$$F = -kx \qquad (2.3)$$

式中，F 是力，x 是相对于弹簧的中立（自然）位置的位移，k 是（标量）系数，将 F 和 x 两个值联系起来。图2.3利用同一弹簧的三个平衡状态示例来说明这一行为。第一个示例中，弹簧没有施加任何质量；第二个示例中，弹簧施加1倍的质量；在第三个示例中，弹簧施加2倍的质量，此时导致弹簧相较于第二个示例将产生2倍的延长。值得注意的是，F 和 x 都可以是 n 维向量，而参数 k 总是一个标量。

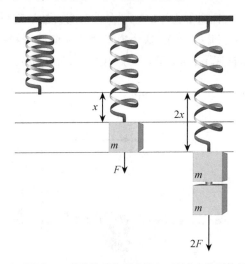

注：一个质量为 $2m$ 的物体悬挂到弹簧上，那么它的延伸长度比
一个质量为 m 的物体悬挂到弹簧上时增加1倍。

图2.3　胡克定律的图解

阻尼器： 一种产生的力与运动方向相反的装置。其产生的力与运动速度成正比（与前面提到的摩擦力有所不同）。因此阻尼器的规则如下形式：

$$F = -kv \qquad (2.4)$$

式中，F 是力，k 是常数，v 是速度。我们使用 k 作为常量。因此，这与胡克定律即式（2.3）中使用的常数并不同。图 2.4 所示是一个含质量、阻尼器、弹簧和外力的组合示例。此示例是一维的。

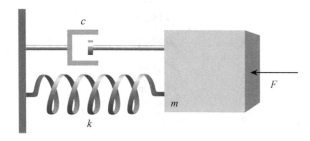

注：这类系统的动力学行为会随时间推移而衰减，系统会收敛到一个静态的布局。

图 2.4　同时具有阻尼器和弹簧的系统

空气阻力： 一种由空气产生的力，作用于所有在空气中移动的物体。在速度比较慢的情况下，如远低于声速时，我们可认为这个力与速度的平方成正比。因此，在一维的情况下，公式可表达为

$$F = - kv \cdot \mathrm{abs}(v) \tag{2.5}$$

我们使用了绝对值函数 abs 这种方式，是为了确保结果中得出的力的符号是正确的。在更加一般的三维场合中，方程表达如下：

$$F = - kv \|v\| \tag{2.6}$$

式中，$\|v\|$ 是 v 的欧几里得范数。读者可证明，式（2.6）在一维情况下可简化为式（2.5）。

使用这些规则，我们可由此给出所有单个组件的方程，并且可以将其联立为一个方程组进行求解（或仿真），从而针对复杂系统进行建模。

静力学 问题是指系统组件不运动，系统内部的任何事物都不能促使其运动。考虑图 2.5 所示的系统，如果我们知道该系统是静止的，那么我们可以给出一个关于 m、g、k、x 以及 F_k 的方程。任意给定其中三个参数，我们就可确定第四个。此外，如果给定其中两个参数之间的关系，我们即可确定其他两个参数之间的关系。

如果知道系统至少有一部分可能在运动，那么这个系统可视为一个 **动力学** 系统。例如，质量 m（位置 x）可能在运动，在此情况下，它的速度为 x'，加速度为 x''。现在，运动方程中必须将非零加速度的可能性作为一个因素考虑进去，其中包括 g、k、x、x' 和 F。通常我们还需要知道给定时刻的位置，例如时刻 0 的位置 $x(0)$，以方便能够求解方程。

图 2.6 所示的系统是一个更为复杂的示例。对于该系统示例，我们可以给出一个常微分方程（ODE），其中包含 x_1、x_2 及其导数和二阶导数。该方程组可以给我们提供一个用于分析和仿真的模型。

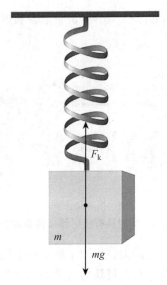

注：物体上有重力作用，但假设不考虑空气阻力。

图 2.5　*m* 质量体挂到弹簧上

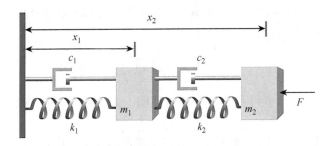

注：物体间由弹簧和阻尼器连接。

图 2.6　两个物体质量分别为 m_1 和 m_2 的一维系统

2.4　在 2D 和 3D 中的运算

对于许多物理系统，在 3D（三维）机制下推理将大有助益。但有时可以将问题简化，我们在 2D（二维）甚至 1D（一维）中运算。当我们需要在 2D 或 3D 中运算时，首先需要洞察的关键是如何将一个力（或速度）分解成与组件方程相关的多个力。一般来说，对于这种分解，可以使用基本的三角恒等式。考虑图 2.7 所示的示例。在这个例子中，法向力 F_{Normal} 由重力 mg 分解得到，且必须使用角 α 计算。F_{friction} 值可根据摩擦力定律得到。你可通过网址 physicsclassroom.com 找到这一类分析的最佳示例。

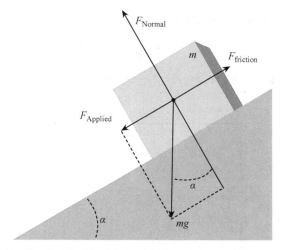

注：摩擦力是法向力的函数，阻止箱子向下滑动。当倾角 α 较大时，摩擦力不足以阻止箱子的滑动。

图 2.7　将质量为 m 的箱子放置在斜坡上

2.5　电气系统中的元器件

电气系统中的标准元器件包括：

电阻： 电路中最基本的元器件之一。通过该元器件的电流 I 与其两端的电压 V 具有直接的关系。这种关系称为欧姆定律，在数学上可表示为

$$V = IR \tag{2.7}$$

式中，R 是电阻。图 2.8 所示是欧姆定律关系的图解方式说明。

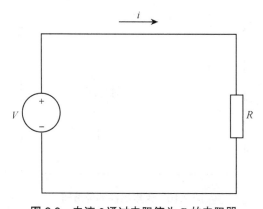

图 2.8　电流 I 通过电阻值为 R 的电阻器

电容： 这个元器件的电压与通过它的电流的积分成正比。图 2.9 所示为包含了该元器件的电路图。或者我们也可以说，电流与电压的变化率成正比，而电压变化率即

$V' = \mathrm{d}V(t)/\mathrm{d}t$。从数学上讲，这意味着：

$$I = CV' \qquad\qquad (2.8)$$

式中，比值 C 称为电容。电容越高，对应于电压的微小变化所需的电流就越大。

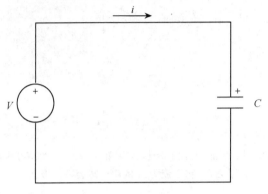

图2.9　带电容器的电路图

　　电感：这个元器件的电流变化率，即 $I' = \mathrm{d}I(t)/\mathrm{d}t$，与穿过电感器的电压成正比。其数学表达式如下：

$$V = LI' \qquad\qquad (2.9)$$

式中，比值 L 称为电感。电感越高，为了得到相同的电流变化率，需要的电压就越大。图2.10所示为包含了电感器的电路图。

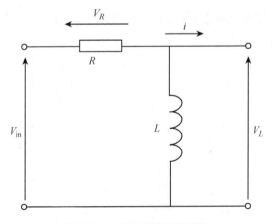

图2.10　带电感器的电路图

　　电压源：电压源只提供固定电压（直流电或直流电源）或可变电压，在可变电压情况下，可能是指交流电（AC）电源。

电流源：与电压源一样，电流源提供的电流可以是固定的，也可以是可变的，取决于电源的类型。

从以上的说明中可以看出，这些元器件中的每一个都有一组方程，用来描述其对所使用系统的影响。

为了分析给定的电路，需要使用以下规则以及一个或多个电路的基本守恒定律：

- 在任何**节点**（即电路中由元器件连接且未被元器件中断的区域），流入和流出的总电流必须为零。
- 电路中任意**回路**（即电路中连接元器件的任何路径），所流经的总电压差必须为零。

从 Erik Cheevers 的网页上可以找到此类分析的几个示例（另外还可以见本章的"进一步探究"部分）。

2.6 模型中的时间因素

有许多重要的系统，在其建模过程中可以不考虑时间因素。对于不涉及时间的机械系统的研究，我们称之为"静态的"。不需要考虑时间便可分析的电气系统，包括纯由电阻和恒定电压（或电流源）构成的电路。是否需要对时间进行建模，这将取决于：

（1）系统中包含的组件类型；

（2）系统的状态；

（3）所使用的系统的输入类型。

例如，一个处于平衡状态的由杠杆构成的机械系统，如跷跷板，不需要采用时间的概念进行分析。同样地，由电阻、电容和电感组成的电路，如果所有的电流和电压都是恒定的，分析中也可以不考虑时间。然而，如果机械系统的不平衡或电路电压随时间在变化，则需要考虑时间因素。

2.7 算术方程以及线性与非线性方程组

当针对不需要考虑时间概念的问题时，我们通常使用加法、减法、乘法和除法等算术运算来构建方程。而仅使用加减法（或有常数的乘/除运算）的方程，我们称之为"线性方程"。当涉及的变量较少时，通常求解就相对容易。

例 2.1 考虑以下方程组：

$$\begin{cases} x + y = 3 \\ x - 3y = -1 \end{cases}$$

求解该方程组的 x 和 y。

解： 这是一个线性方程组。求解这样一个方程组的基本策略是，将其中一个方程转化成等号左边只有一个变量的形式，然后将其代入另一方程左边表达式中。等式两边同时减去 y，第一个方程可写成 $x = 3 - y$。我们将其右边代入另一个方程，则得到 $(3 - y) - 3y = -1$，化简为 $3 - 4y = -1$。两边同时减 3，则得到 $-4y = -4$。两边同时除以 -4，则得到 $y = 1$。再将 $y = 1$ 代入 $x = 3 - y$ 中，则得到 $x = 3 - 1 = 2$。

如果有两个不同变量相乘的方程，或者对变量或依赖于变量的值使用了幂函数、对数函数、根函数或三角函数等，那么这些方程就不再是线性方程了。有时，可使用类似于上述的方法来求解这类方程。然而，一般来说，这种方法是不可能（求解）的。因此，通常需要借助迭代逼近的方法来求解此类方程，但这样做可能导致计算量增大（即使是由计算机执行）。

2.8　不同的数从何而来

值得注意的是，在方程中使用的各种运算实际上会产生不同类型的数。例如，$\mathbb{N}$（自然数）、$\mathbb{Z}$（整数）、$\mathbb{Q}$（有理数）、$\mathbb{A}$（代数数[①]）和 $\mathbb{R}$（实数），可用于表达不同类型问题解的数。按照其出现的顺序，这些集合越来越大，包含的点越来越多。集合 $\mathbb{N} = \{1,2,3,\cdots\}$，也将其称为可数数（或者计数数）。集合 $\mathbb{Z}$ 包含 $\mathbb{N}$，也就是说，$\mathbb{Z}$ 除了 $\mathbb{N}$ 也包含 $\mathbb{N}$ 中所有数乘以 -1 或 0 得到的数。有理数是所有可写成 $\frac{a}{b}$ 的数，其中 $a \in \mathbb{Z}$，$b \in \mathbb{N}$。

集合 $\mathbb{A}$ 中的代数数是类似以下方程的解：

$$x^m = n \tag{2.10}$$

并且它们需要具有逆选项，比如 $\text{root}(m, x^m) = \text{root}(m, n)$，意味着 $x = \text{root}(m, n)$。由这类函数计算得到的值不在自然数 $\mathbb{N}$ 的集合中，也不在有理数 $\mathbb{Q}$ 的集合中，而是在一个"新的"集合 $\mathbb{A}$ 中。

2.9　时间相关和微分方程

因为许多组件具有随时间变化的特性，我们通常需要使用常微分方程（而不是偏微分方程）来描述它们。常微分方程（ODE）可采用多种方法进行分类。最重要的分类之一在于线性方程和非线性方程的区别。在线性 ODE 的情况下，变量及其导数的方程是线性的。线性 ODE 的解通常只涉及指数函数或复指数函数。复指数函数是指指数具有复数系数的指数函数。根据欧拉恒等式，具有纯虚系数的指数对应于正弦函数和余弦函数，它们通常用于连接电路和机械系统。特别需要注意的是，正弦、余弦

[①] 代数与数论中的重要概念，是指任何整系数多项式的复根。——译者注

和其他函数出现在解中，但不出现在方程式中。

非线性 ODE 的解可能并不具备闭合（解析）的表示。在这种情况下，人们通常不得不依赖于仿真和数值求解，而这些普遍应用于机械系统和电子电路。在这种情景下，可以说，即使我们不能用闭合的形式得到问题解，也可在某些方面解析推导。例如，可以证明，解将随时间的推移**收敛到一个特定的点**，但没有仿真时并不知道具体如何做到。这部分内容超出了本书的范围。

除常微分方程（ODE）外，还有其他类型的微分方程，如偏微分方程（PDE）和积分微分方程（IDE），但这些内容也不在本书中介绍。我们在此聚焦于时间和刚体系统并且没有柔性元素的 ODE。

我们总是使用 t 作为时间变量，然后对时间求导。我们用实数表示时间。关于时间的导数，我们经常看到符号 dx/dt 或者 dy/dt。根据具体情况，可写成这样的等式：

$$dx(t)/dt = 1 \left(或\frac{dx(t)}{dt} = 1\right) \tag{2.11}$$

或更简洁的形式：

$$dx/dt = 1 \left(或\frac{dx}{dt} = 1\right) \tag{2.12}$$

甚至更简洁的形式：

$$x' = 1 \tag{2.13}$$

以上最后一个方程的表示方法与 Acumen 中的相同。Acumen 是一种小型建模语言，为使我们在本书中学习更多的有关赛博物理系统的知识而设计。

2.10　方程组原型

实验 1 中的 Acumen 示例表示子问题重要类（class）的原型。此类子问题可用于解决更大的问题，本书中将会反复看到这些方程的应用示例。

接下来的内容中，我们将讨论如何求解这些原型。

1. $x' = 1$，$x(0) = x_0$

在方程的两边作从 0 到 t 的定积分求解，即 $\int_0^t x' ds = \int_0^t 1 ds$。这意味着 $x(t) + k_1 = t + k_2$，继而又意味着 $x(t) = t + k_2 - k_1$。现在我们使用这个方程和最初的假设 $x(0) = x_0$ 推导，可以得到 $k_2 - k_1 = x(0)$。因此，$x(t) = t + x_0$。

2. $x'' = 1$，$x'(0) = v_0$，$x(0) = x_0$

应用与上一个方程相同的过程求解两次。特别的是，该方法在牛顿定律 $f = ma$ 中也有使用，其中 a 是 x 的二阶导数。我们假设 f 是常数，考虑如下方程：

$$\frac{f}{m} = x''$$

其中为了简单起见，选择 $\frac{f}{m} = 1$。因为 $\int_0^t x'' ds = \int_0^t 1 ds$，所以 $x' = t + v_0$。用同样的方法求解 $\int_0^t x' ds = \int_0^t (t + v_0) ds$，可得到：$x = t^2/2 + v_0 + x_0$。作为练习，使用该方法求解此类问题的变量，其中 $x'' = 9.8$。

3. $x' = x$

如果应用同前面示例中的技巧，对方程两边积分：

$$\int_0^t x' ds = \int_0^t x ds, \quad \text{即} \quad x(t) - x(0) = \int_0^t x ds$$

我们将无法继续下去，因为需要知道 x 才能对其积分。如果 $x(0) = 1$，解就是指数函数 $x(t) = e^t$，因为指数函数的导数就是其本身。函数 e^t 描述指数增长，常出现在如银行利息增加、细菌种群增长等应用中。而函数 e^{-t} 是指数衰减模型，例如放射性同位素衰变或电容电荷衰减。

4. $x'' = -x$

当 $x(0) = 0$ 时，解是 $\sin t$（我们应该记得 $(\sin t)' = \cos t$，$(\cos t)' = -\sin t$）。注意，$\sin t$ 是一个具有复系数的指数函数。使用这个方程模型的一个例子是弹簧 – 质量系统，可参阅谐振子的描述。这个等式来自对弹簧所施加的力的描述：弹簧所产生的力是 $-kx$，其中 x 是距平衡位置的位移。如果质量 $m = 1$，弹簧系数 $k = 1$，就会出现上述等式。

5. $x'' = -\sin x$

由于 $\sin x$ 是一个非线性函数，因此这是一个非线性常微分方程的示例，通常我们需要利用仿真来评估系统行为。这个特定的方程可用来描述钟摆。

以上这些例子的关键点是 $x' = 1$ 和 $x'' = 1$ 具有多项式解，而 $x' = x$ 和 $x'' = x$ 具有（实数或复数）指数解。

例 2.2 证明 $x' = x$ 的解不是一个有限阶数的多项式。

用反证法论证：假设解是有限阶数的多项式，最高次幂为 n，则推导得出矛盾。

练习 2.1 证明 $x'' = \sin x$ 的解不是一个指数函数。

2.11 求解微分方程的基本原理

在很多情况下，我们知道如何求解微分方程是因为我们知道什么函数有这样的导数。例如，考虑单项式 t^{n+1}。这是一个关于 t 的函数，而它的导数是 $dt^{(n+1)}/dt = (n+1)t^n$。

例 2.3 $dt^2/dt = 2t$，$dt^{14}/dt = 14t^{13}$。

微分的线性特性表明，如果 a 和 b 是时间的函数，那么

$$d(a + b)/dt = da/dt + db/dt$$

例 2.4 上述特性可以让我们手动计算导数。例如，我们可以用它来计算 $d(t^{101} + t^{52})/dt = dt^{101}/dt + dt^{52}/dt = 101t^{100} + 52t^{51}$。

微积分基本定理：

$$\int_0^t f(t)dt = F(B) - F(A)$$

其中 dF/dt 是 f。

为什么微积分基本定理对我们如此重要？ 在求解微分方程时，我们必须牢记数学中有一个常见的模式。这种模式强调用反（逆）函数帮我们求解方程的重要性。例如，如果要求解出方程 $x + m = n$ 中的 x，我们该怎么做？首先，我们对方程两边使用 $+ m$ 的逆（即 $- m$）来分离 x。这意味着，我们将第一个方程转化为一个新的方程，即 $x + m - m = n - m$，然后我们化简得到 $x = n - m$。最后这个方程式给出了这个问题的解。微分方程也有类似的情况。直观地说，微积分基本定理很重要是因为它告诉我们，积分本质上是微分的逆（运算）方法。这就意味着在求解微分方程时，我们使用积分非常有用。

指数函数注释： 不仅 $(e^t)' = e^t$ 成立，$d(ke^t)/dt = kde^t/dt = ke^t$ 也成立。

对 $x' = x$ 或 $x' = -x$ 的泛化是 $x' = kx$。对应于指数函数，其泛化就是 e^{kt}，因此，我们有 $de^{kt}/dt = ke^{kt}$。

2.12 本章的亮点

1. 建模概览

（a）基本物理现象：

- 物理；
- 化学过程；
- 生物过程。

（b）模型物理现象特征：

- 数量通常取实数值。
- 变化通常是连续的。
- 通常使用守恒定律，这是对其建模的关键！
- 我们得到的方程是：
    - 线性的或非线性的；
    - 不含时间（静力学）或涉及时间（动力学）。

2. 机械系统（静态的）

（a）守恒定律：力、能量、动量。

（b）组件：质量、重力、表面、摩擦、弹簧、滑轮。

（c）静态的示例：

- 具有重力的单个质量体；
- 具有重力、摩擦力和侧向力的单个质量体；
- 很多质量体；
- 杠杆（跷跷板）。

（d）不同组件（如弹簧和滑轮）的定律。

（e）在一维、二维、三维中力守恒且合理的泛化。

3. 电气系统（静态的）

（a）守恒定律：电流、电压。

（b）组件：电阻、电容和电感。

2.13 研究问题

1. 改进钟摆方程 $x'' = -\sin x$，对点质量移动的空气阻力建模

假设引入空气阻力模型项的系数为 1。改进第一个实验（1.9 节）Acumen 中所使用的钟摆模型，表明这一改进所产生的行为。

2. 考虑图 2.11 所示的机构

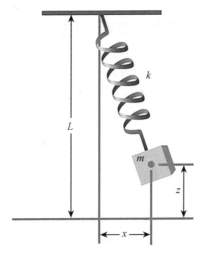

图 2.11 质量为 m 的物体连接弹簧，弹簧连接到天花板

假设所有物体之间都有足够的距离。换句话说，你不必担心它们之间会发生碰撞。假设（因为）引力（存在重力加速度）g 将质量体向下拉，并且弹簧的正常长度为 l_0。

（a）假设（使用）常规的弹簧定律，系数为 k。给出系统 x'' 和 z'' 的方程。

（b）假设空气阻力对质量为 m 的物体的运动有影响。假设空气阻力对这个质量体的影响系数为 r。在以上所给出的方程基础上给出更新后的，以反映此项的影响。

（c）不使用常规的弹簧定律，使用以下改进后的定律：

$$f = k\,(l - l_0)^3$$

给出上述系统 x'' 和 z'' 的方程。

（d）假设空气阻力对质量为 m 的物体的运动有影响。假设空气阻力对这个质量体的影响系数为 r。不使用通常的空气阻力定律，而使用以下修改后的：

$$f = rv^3$$

在前一方程基础上给出更新后的，反映此项的影响。

3. 考虑图 2.12 所示的简单系统

图 2.12 展示了一个悬挂在两个弹簧上的 8 kg 重的质量体。质量体受重力影响，假设 $g = 10\ \text{m/s}^2$。质量体除了弹簧外没有其他支撑（如果移除弹簧，它就会掉落）。弹簧连接到天花板上。质量体和天花板之间的距离是 1 m。我们用 k_A 和 k_B 分别表示弹簧 A 和弹簧 B 的弹簧常数。该系统是静态的，即系统是稳定的，没有运动。这意味着每个弹簧都施加力，弹簧被拉伸或延展。

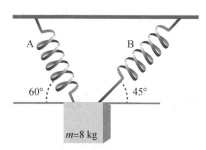

图 2.12　质量为 m 的物体连接两个弹簧，两个弹簧又连接到天花板

（a）以 k_A 和 k_B 表示弹簧常数，给出作用在质量体上力的 x 分量和 y 分量的方程。注意，对坐标轴的专门约定。

（b）确定弹簧常数 k_A 和 k_B。

4. 考虑乒乓球和平地板的冲击力

（a）假设乒乓球为质点，位置 $p = (x, y, z)$。假设地板质量无穷大，是水平的。进一步假设恢复系数为 0.8，即出射垂直速度是入射垂直速度的 80%，根据撞击前的 p' 给出撞击之后的 p' 表达式。

（b）现在假设地板可以是任何方向，地板单位法向量是 $N = (n_x, n_y, n_z)$，法向量与地板表面正交。注意，单位法向量 N 的性质是 $\|N\| = 1$。根据撞击前的

p' 给出撞击之后的 p' 表达式。

（c）现在进一步假设地板的质量是 5 kg，球的质量是 2 kg，并且地板在撞击前并不运动。碰撞后的速度 p' 是多少？

5. 考虑图 2.13 所示的机构

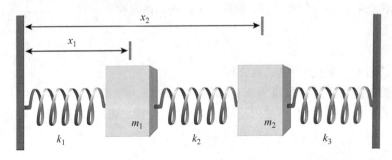

图 2.13　包含两个质量体、三个弹簧的一维机械装置

设弹簧的正常（未拉伸）长度为零。设 u_1 和 u_2 是每个质量体上的作用力。设 x_1 和 x_2 分别是标记为 m_1 和 m_2 的两个物体的位置，从左侧墙壁测量。假设右墙壁距离左墙壁的长度为 L。假设每个质量体的宽度可以忽略不计（零）。设 k_1、k_2、k_3 是三个弹簧的系数。假设所有物体在任何时候都保持足够远的距离（即不用担心发生碰撞）。

（a）给出作用在两个质量体上的总力的表达式。

（b）给出 x_1'' 和 x_2'' 的方程，考虑外力、弹簧和惯性（质量体）的影响。

（c）假设 u_1 和 u_2 为零。给出当系统不运动时（即系统处于静态平衡状态）x_1 和 x_2 的方程。

2.14　实验：弹簧弹跳和对象创建

本实验的目的是介绍一些重要的建模挑战和概念，当需要集成连续和离散动力学时会出现这些挑战和概念。本节旨在为下一章的项目活动做准备。

对弹跳球进行建模，一个简单的方法是：当球离地面比较高时，它处于自由落体状态，当它接触地面时，它受到一个外力，我们可将这个力视作是一个高系数弹簧力。我们称该模型为弹簧弹跳模型。这一想法可（通过代码）如下表达：

```
model Main (simulator) =

initially
x = 10, x' = 0,  x" = 0

always
```

```
if (x > 0)
then x"  = -9.8

else x"  = -9.8 - 100 * x
```

首先绘出变量 x、x' 和 x'' 的预期点图。然后，运行仿真，将仿真结果与你绘制的图进行比较。

在乒乓球模型中使用了一个重要的 Acumen 构造，即对象创建。模型定义允许我们定义对象的类型。例如，我们可从 Main 模型（即主模型，它是一个代表我们仿真的全部世界的特殊模型）中将与球相关的模型部分分离到一个单独的模型中，得到的模型如下：

```
model ball (x0) =


initially
x = x0, x' = 0,  x" = 0

always
if (x > 0)
then x"  = -9.8

else x"  = -9.8 - 100 * x
```

现在，我们可以很容易地创建一个包含两个不同球的（仿真）世界。只要我们开始运行仿真，两个球将从不同的高度开始运动。具体实现如下：

```
model Main (simulator) =

initially
ball1 = create ball(10),
ball2 = create ball(20)
```

对于这个实验，探索如何修改和测试这样的定义：
（1）如何对弹跳过程中存在的阻尼力（这是一种简单地与运动方向相反的力）建模；
（2）我们如何引入空气阻力对运动球体模型的影响。

2.15　项目：吉祥物和乒乓球游戏

本项目活动包括两个部分：为你的乒乓球选手创建一个吉祥物以及熟悉乒乓球模型。

第 1 部分：使用 Acumen 为玩家设计吉祥物。在 Acumen 发布版中你可以查阅 01_Introduction 目录中的所有示例，并进行相应的练习，之后你就能够完成吉祥物的设计了。吉祥物应只包含一个 Main 类，并且用一条 _3D 语句创建吉祥物的三维形式。当你有一个好的设计时，你可以考虑将吉祥物赋予动画，或使它在一个短动画（最多 10 s）中表现。之前学生制作的一些吉祥物和动画的例子，可通过在线视频[1]查找。

第 2 部分：Acumen 发布版附带一个默认的乒乓球模型，可用于该项目。如果你在课程中使用本书，指导教师可能会提供该模型的定制化的版本。设计乒乓球模型在于阐明：

（1）我们需要了解开发几乎所有赛博物理系统的重要建模概念；

（2）基本路径规划（在直观层级）；

（3）控制基础；

（4）应对机器人基础的机械特性；

（5）应对诸如量化和离散化的问题；

（6）博弈论基础。

如果你还不熟悉乒乓球游戏，请浏览相关文章来熟悉乒乓球游戏[2]。

在 Xu Fei 的硕士论文[3] 6.2 节中可以找到相关模型很好的描述，可用于本项目中。本项目模型的特点如下：

（1）包含文件名称，表明其作用。

（2）名称还可以表明这些组件之间的关系（就数据流而言）。例如：

（a）Ball_Sensor 处理将 Ball（乒乓球）数据传递给 Player（选手）。

（b）Ball_Actuator 处理来自 Player（选手）到 Bat（球拍）的信号。

（3）为了从这个模型的物理建模部分中学习更多的内容，此模型帮助你从弹跳球的一维模型开始推导，再建立一个三维模型。详细研究该模型对理解 Acumen 如何支持向量和向量微积分运算具有指导意义。

在飞行示例中，空气动力学部分激发我们讨论向量的单位和范数，以及它们之间的一些恒等变换，例如，unit(p)*norm(p) 值是多少。

（4）回顾 Ball_Sensor 模型有助于理解抽样以及如何对其建模。

项目中使用的乒乓球的初始模型，可以在如下 Acumen 发布版的目录中找到：examples/01_CPS_Course/99_Ping_Pong/Tournament1。

阅读并确保你理解该目录中的所有文件。该发布版还提供针对项目不同阶段的默认模型（在实现中称为 tournament）。如果你在某课程中使用本教材，你的导师可能还会为你提供这些模型的特别版本，它们将更接近你正在学习的课程目标。

---

[1] https://youtu.be/kkuJKhiT9sk。

[2] http://en.wikipedia.org/wiki/Table_tennis。

[3] http://hh.diva-portal.org/smash/get/diva2:815726/FULLTEXT02.pdf。

图 2.14 展示了乒乓球模型在 Acumen 中通常表现的方式。与每个选手关联的数字是其得分，侧边的竖条表示玩家的剩余能量。白色的球形体是乒乓球，红色和青色的圆点是在特定时间每个球员对球的位置所做的预测／估计。通过修改提供的默认模型，有助于您开发机器人选手的设计，并在仿真中控制如何可视化不同方面的设计。

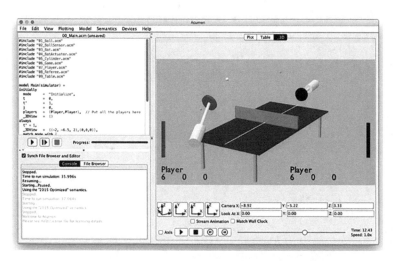

图 2.14　Acumen 中乒乓球模型的典型视图（见彩图）

2.16　进一步探究

- 在 physicsclassroom.com 上给出的示例。
- Erik Cheevers 的页面。
- 数学和物理的背景知识。
- 鼓励你观看刚体动力学方面的讲座。
- Khan Academy（可汗学院）拥有丰富的基础物理学书籍。
- 为了更深入地探讨，可以根据需要查阅有关微分、积分、电阻电路元件、电阻电路分析和 RLC 电路分析的基本技术资料。
- David Morin（大卫·莫林）关于《经典力学》的 6.1 节和 6.2 节。
- 你可能会喜欢看关于宇宙规模的精美插图。
- Close 等的关于动态系统建模和分析的教科书。
- 伦理专栏：热的问题（短文）。
- 关于改变世界的 17 个方程式的文章。
- 一个获得诺贝尔奖的模型示例：Hodgkin-Huxley（霍奇金－赫胥克利）模型。
- 查看 Wolfram 的在线 Alpha 工具。

- 对机械系统建模的更高级方法感兴趣的读者（超出本书的范围），可能希望查阅有关欧拉－拉格朗日方程 的文章。
- 许多建模和仿真的目的是预测系统的行为,《纽约评论》上一篇关于三本预测书的有趣的文章。

第 3 章　混合系统

如果我们的模型既不是连续的也不是离散的，会怎样呢？本章将介绍混合自动机。我们从一个连续的场景开始，引入离散事件，进而审视在进行这一转换时将会出现的问题。我们分析零交叉和可判定性、模式切换及其对导数的影响、离散转换和芝诺行为。

3.1　介　绍

首先考虑一个经典的例子，它建立在我们从物理系统建模中所熟悉的概念之上。考虑一个球以一定的速度、一定的角度离开地面，然后确定它落在哪里。在所有这类高中和大学物理问题中，只要球击中目标，所有故事就结束了。但球落地后又会发生什么呢？

弹跳球是一个可以两种不同的行为模式来描述的系统：下落以及在地面上弹跳或静止。我们如何为一个包含这些不同行为模式的系统建模呢？

当球**下落**时，仅有重力的影响，其常数 g = 9.8 N/kg。在这种情况下，球遵循牛顿定律 $F = ma$（力等于质量乘以加速度）。我们应记住，作用在任何物体上的合力（或总力）是作用在该物体上的所有力的总和。无论是在一维、二维还是三维空间中，求和都是适用的。于是就有

$$F_{\text{重力}} = ma \tag{3.1}$$

如果作用在质量体上的唯一力是重力，那么我们也知道：

$$gm = ma \tag{3.2}$$

公式两边同时除以 m，可以得到 $a = g$。用 9.8 代替 g 的值，我们得到 $a = 9.8$（在无量纲情况下，忽略 m/s^2）。

通常，将位置向量 x 定义为从地面水平位置到球位置的向量。在此情境中，加速度与位置向量方向相反。最后，作为相对于位置的微分方程，上述方程可以简单表示为

$$x'' = -9.8 \tag{3.3}$$

现在让我们转向对**弹跳**过程的建模。一种解决方案是，想象当球接触到地面时将会受到另一种力，我们将其建模为与地面接触时产生的弹性力。弹性系数越高，弹跳越快。为了对这种效应建模，我们必须回到最初的方程，并考虑整个情况。作用在物

体上的总合力总是必须等于质量乘以加速度。但是现在，作用在球上的力略有不同：

$$F_{重力} + F_{地面} = ma \tag{3.4}$$

但是重力和加速度同上；$F_{地面}$是由胡克定律决定的，产生一个力 $-kx$，我们可将值取为一个很大的系数。因此，式（3.4）可表达为

$$-gm + k(-x) = am$$

现在，求解 a 可以得到

$$a = (-gm - kx)/m$$

我们注意到，现在需要指定系数 k。有趣的是，就此我们可能还需要指定质量：为什么之前我们不需要关注球的精确质量呢?其实，我们可以避免分别指定这两项，因为等式可进一步简化为

$$a = -gm/m - (k/m)x$$

写成：

$$a = -g - (k/m)x$$

我们可以简单地考虑这样一种情况：k 和 m 的比值很大，比如 100。这样我们就有了建立一个球模型所需的全部信息，当球接触地面时，它可以发生简单的弹性弹跳。有了这个，我们可把加速度 a 换成 x''，把 k/m 换成 100，然后得到微分方程：

$$x'' = -9.8 - 100x$$

我们可使用胡克定律对 $F_{地面}$ 建模，即将地面视为弹簧予以建模。

现在剩下的问题是，如何指定在飞行状态和弹跳状态之间切换。可以这样描述表示：

```
if (x > 0)x" = -9.8 else x" =-9.8 -100x
```

如果我们在模型中引入 if 语句，就不再使用简单的微分方程了。相反，我们进入了这样一个情境，当系统处于不同的模式下时，模型描述的是不同的行为，将模式视作某些条件的有效性域（如在上述示例中 $x \geq 0$ 或 $x \leq 0$）。更一般地，我们可选择将模式概念定义为显式化命名的状态（如"下落"或"弹跳"），将其视为模型的显式化部分。

练习 3.1 通过使用 Acumen 探究 k/m 比值增加的效果。例如，尝试用不同的弹性系数验证仿真模型。当使用 1 000、10 000 或 15 000 取代 100 时，会发生什么？当使用 25 000 或 50 000 时，会发生什么？

3.2　混合自动机（Hybrid Automata）

　　混合系统是结合连续和离散动力学的数学方程组。通常，将它们形式化为有限状态机的一种扩展形式，称为混合自动机。在本书中，我们只需对这些概念有一个直观的理解就足够了。首先，为了帮助我们开始学习有限状态机（或有限自动机），下面以一个简单的红绿灯为例。

　　例 3.1　从数学意义上来讲，我们可能想要这样建模：红绿灯在任何时间点处于三种状态之一，其状态可简单地视作是集合 {Red、Green、Yellow} 的三个常数之一。此外，我们可能希望通过一组规则对红绿灯装置的行为建模，这些规则确定红绿灯从一种状态到另一种状态的可允许转变方式。有限状态机的规则就可以写成 $s_1 \Rightarrow s_2$ 这样的状态对。第一种状态是当前的状态，第二种状态是即将发生的状态。因此，一个典型的红绿灯可以制定以下规则来建模：

- 规则 1：Red $\Rightarrow$ Green；
- 规则 2：Green $\Rightarrow$ Yellow；
- 规则 3：Yellow $\Rightarrow$ Red。

　　这是一个纯粹的**离散**模型。在有限状态机的同步模型中，我们可要求仅在之前确定的"时钟节拍"处转换状态。

　　简单地说，有限状态机的轨迹概念是有限状态机可经历的允许状态转换的序列。例如，以下序列是我们上述所描述装置的有效轨迹：Red $\Rightarrow$ Green $\Rightarrow$ Yellow，以及 Green $\Rightarrow$ Yellow $\Rightarrow$ Red $\Rightarrow$ Green。但序列 Green $\Rightarrow$ Yellow $\Rightarrow$ Green 是一个非有效的轨迹，因为我们不允许 Yellow $\Rightarrow$ Green 的转变规则发生。同样，还应注意到，在这个系统中，没有从一个状态到自身的转换，所以，Red $\Rightarrow$ Green $\Rightarrow$ Green 也是一个非有效的轨迹。

　　现在让我们考虑另一个示例。

　　例 3.2　考虑另一个有限状态机，它表示空调系统是处于冷却状态还是待机状态。在本例中，我们可有两个简单的状态 {Cool, Wait}。如你所知，空调系统对房间冷却并持续一段时间，然后切换到待机状态，然后再恢复到冷却状态，以此类推。因此，在这样一个系统中，可能的转换规则是非常简单的：

- 规则 1：Cool $\Rightarrow$ Wait；
- 规则 2：Wait $\Rightarrow$ Cool。

　　在冷却过程中，系统以恒定的速度将热量输送出房间，温度随之下降。这个系统除了具有标准的有限状态机模型之外，我们可能还想在模型中构建更多的细节。特别是，我们可能想要明确地指定房间的温度；我们可能还想要指定房间从外部环境获得热量的速率，以及空调系统在冷却状态下输送热量的速率。这些信息不能包含在传统的有限状态机模型中。然而，可通过扩展基本模型，得到所谓的**混合自动机**。在此，我们可向每个状态添加关于一些连续变量的信息，这些变量随时间并由某些规则支配其变化，将其本身建模为密集时间（dense time）。对于本例，我们要做的就是：引入一个实数变量 T 来表示房间的当前温度，然后增加以下两条规则，说明当系统处于这两种状态时，该变量会发生什么变化。

- 冷却（Cool）状态时，$T' = -1\,℃/s$；
- 待机（Wait）状态时，$T'' = 0.1\,℃/s$。

这两种状态，每一种都有一个表示温度变化率的动态方程。而这类方程通常可能比此处考虑的要复杂得多，例如，它可能是非线性的。但重要的是，这个模型可以清楚地说明处于这两种状态时，房间里的温度会发生什么样的变化（针对温度变化的速率而言）。此外，我们可能希望再回到规则上，并指定恒温器（空调单元的控制器）如何确定其应何时从一种状态转换到另一种状态。为了达到这一点，我们可以创建一个扩展转换规则集，如下所示：

- 规则 1：当 $T < 20\,℃$ 时，必将发生 Cool $\Rightarrow$ Wait 的转换。
- 规则 2：当 $T > 25\,℃$ 时，必将发生 Wait $\Rightarrow$ Cool 的转换。

注意，我们使用不同的温度来切换，以避免切换过于频繁，而可能造成空调系统的损坏。

练习 3.2 使用 Acumen 的字符串和 case 语句，将上述的示例系统表达为 Acumen 模型。以起始温度值 $23\,℃$ 进行系统仿真。

3.3 重置映射（Reset Maps）

现在我们再回到弹跳球的示例。除了指定连续变量如何在状态中变化的规则外，我们还可以在从一种状态转换到另一种状态时对变量执行离散的改变。这样我们便可以在不使用高刚度系数弹簧的情况下实现运动方向的瞬时变化。然而，这时需要对混合自动机的概念进一步完善，即引入重置映射。这个扩展，可以简单地说，支持我们用以指定：当转换发生时，将系统中的某些变量重置为更适合系统状态建模的新值。现在可用下列方法对弹跳球示例建模：

- 状态 =｛飞行｝。
- 飞行时，$x'' = -9.8$。
- 转换 1：飞行 $\Rightarrow$ 飞行，如果 $x = 0$ 且 $x' < 0$，则 $x' \Leftarrow -0.9x'$。

注意，在这个系统中，我们只有一个状态"飞行"。第二项表示此状态下的动力学特性，即以恒定的负加速度下落。对于这个系统，一个状态实际上就足够了，因为对于弹跳建模所需的工作而言可在从这一状态自身转换中完成，尤其是，在从这个状态到自身的转换时通过使用重置映射来实现。用 $x' \Leftarrow -0.9x'$ 来描述重置映射，意味着我们希望的 x' 值（弹跳球的速度）在转换后重置为一个新值。新值是转换前 x' 的值乘以 0.9 的结果。此外，我们将改变速度的符号，从而改变其运动方向，这样一来，在转换前下落的球，将在转换后向上运动。注意，由于在那个转换点发生了速度突然变化，因此要定义此情况，加速度将不再是一个好用的概念。[1]

练习 3.3　在 Acumen 中给出这样一个模型，即系统仿真从高度为 10、初始速度为 0 开始运动。观察你的模型运行得如何？记录仿真可能出现的所有意外行为。

如果有限状态机或自动机的行为总是在任何给定状态下有唯一的定义，那么它便是确定性的；否则，这个系统就是不确定性的。大多数仿真工具仅能仿真确定性的系统。

3.4　零交叉（Zero-Crossing）

对于基于传统数值方法的仿真工具来说，使用精确的测试（例如 $x=0$）从一种状态转换到另一种状态，通常具有相当的挑战性。这是因为在计算机中，实数通常用浮点值表示，而随时间变化的函数是用特定时间点上定义的浮点值序列表示，这些值也用浮点值表示。本书的目的在于使问题简化，我们总是尝试使用更加强健的条件来表示我们的模型，比如，即使我们真的不想用 $x < 0$ 的可能性来建模，但仍然可以使用 $x \le 0$ 的条件。

3.5　芝诺行为（Zeno Behavior）

芝诺悖论[2]（Zeno's paradox）是一种可能发生在混合系统（表现为连续和离散动态行为的系统）中的现象。弹跳球的混合自动机模型就表现为这样的现象。特别是，连续的弹跳就形成了一个几何级数，可表明在有限时间内结束（我们将其称为芝诺点），即使发生在该点以外的弹跳数是无限多的。

为了能让你理解其间发生了什么，考虑一下球在高度为 0 且向上运动时的情况，计算球再次碰到地面所经历的时间（基于初始的上升速度），速度和落地时间的比值是多少？现在应注意，在这个问题开始时，向上的速度与球反弹后向上的速度之间有一个明确的比率。你要告诉自己，这个比率决定了当前一跳（速度）和下一跳（速度）之间的比率。还要告诉自己，在任何两个连续的跳跃之间，这个比率将是相同的。给出球停止跳动的时间公式，以及一些初始的参数。

3.6　弹性碰撞建模

注：虽然在此仅简要地讨论这一主题，但其是非连续物理模型中一个非常重要的

---

[1] 这种情况下，可使用更高级的数学概念，如脉冲函数（或 Dirac delta 函数），但这一讨论超出了本书的范围。

[2] http://en.wikipedia.org/wiki/Zeno%27s_paradoxes。

示例。这也是我们需要采用混合系统来对物理系统建模的一个示例。此外，对于理解乒乓球模型也很重要。

基本力学中的碰撞是一类涉及时间的简单问题。它们的特点是其中一个导数具有不连续性。考虑图 3.1 所示的情况，有两个共线（co-linear）的质量体，在能量和动量守恒的条件下发生碰撞。我们该如何确定碰撞后的速度？

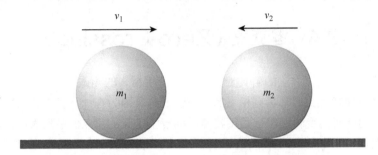

图 3.1　两个质量分别为 m_1 和 m_2 的球将要发生碰撞

假设两球碰撞前的速度分别为 u_1 和 u_2，碰撞后的速度分别为 v_1 和 v_2。动量守恒意味着：

$$m_1 u_1 + m_2 u_2 = m_1 v_1 + m_2 v_2 \qquad (3.5)$$

而能量守恒意味着：

$$\frac{m_1 u_1^2}{2} + \frac{m_2 u_2^2}{2} = \frac{m_1 v_1^2}{2} + \frac{m_2 v_2^2}{2} \qquad (3.6)$$

利用式（3.5）和式（3.6），对 v_1 和 v_2 求解，用 u_1 和 u_2 表示，如下所示：

$$v_1 = \frac{(m_1 - m_2)u_1 + 2m_2 u_2}{m_1 + m_2}$$

$$v_2 = \frac{(m_2 - m_1)u_2 + 2m_1 u_1}{m_1 + m_2}$$

这告诉我们碰撞后两个物体的速度。当动能守恒时，我们说碰撞是弹性的；当动能不守恒时，我们说碰撞是非弹性的；非弹性碰撞后粒子速度的确定方法与上述相同，但对能量方程进行了适当的修正。通常，用**恢复系数**来表示能量损失，恢复系数是碰撞前后相对速度的比值。

两个物体之间的**相对速度**是根据第二个物体测量第一个物体的速度，反之亦然。如果两辆车分别以 100 km/h 和 120 km/h 的速度向同一方向行驶，则相对速度为 20 km/h；如果两辆车分别以上述同样的速度但相反的方向行驶，相对速度将是 220 km/h。

3.7　本章的亮点

1. 混合系统

（a）连续和离散混合系统：

- 针对当今 CPS 的形式化分析和验证的大量研究领域。

（b）提供赛博物理系统的自然模型。

（c）也是纯物理系统的更自然模型：

- 将碰撞和不连续自然地当作离散事件而建模。

（d）赛博物理系统不仅有离散方面也有连续方面：

- 时间、能量、失效时间、辐射、相对论效应。

2. 有限状态机

（a）交通灯。

（b）状态：红灯、绿灯和黄灯。

（c）转换：

- 不定时；
- 增加计时器和重置映射。

3. 恒温器示例

（a）状态：加热、冷却。

（b）方程式：热方程式。

（c）保护：在状态之间留出间隔。

4. 弹跳球示例

（a）状态：是自由落体还是弹跳？

（b）等式：自由落体。

（c）守护条件：到达零位（需细化）。

（d）芝诺行为？

5. 计算弹跳球的芝诺点

（a）运动方程式；

（b）运动时间；

（c）运动最大高度；

（d）系数对应的时间；

（e）序列极限。

3.8 避免常见错误

下面这些注释可以帮助你避免一些通常的混淆点：

- 有限状态机中的状态内部没有记忆（或附加状态）。在设计或指定有限状态机时，如看似需要一个具有记忆的状态，则将其拆分成多个状态。
- 混合系统不仅是一个有限状态机。因此，上一条注释并不适用于混合系统。
- 不确定性和概率是不一样的。概率系统需要更强的对长期频次的假设（概率或概率分布）；不确定性仅意味着你不能确切地知晓行为将是什么，尽管你确切地知道可能的行为集合。
- 确定性、不确定性和概率模型均属于数学对象。

3.9 研究问题

1. 使用 Acumen 对 Branicky 论文[①]（在 3.12 节中有列出）中图 11 所示的示例进行建模。在你的作业中应包括以下内容：
(a) 完整的 Acumen 模型；
(b) 绘图；
(c) 解释 Acumen 不能正确仿真 4-s 点之外系统的原因。

2. 使用 Acumen 对 Branicky 论文中图 15 所示的两个系统进行建模。假设 $f_0(x) = 10 - x$ 和 $f_1(x) = 40 - x$，那么一个完整的求解应包括：
(a) 完整的 Acumen 模型；
(b) 绘图（同时两个系统的）；
(c) 使用你自己的语言分析该仿真如何支持论文中关于迟滞的观点。

3. 考虑你准备设计一个交通信号灯的情况：
(a) 用输出颜色（红、橙、蓝或绿）表示每一步。绘制一个状态机，表明一个交通信号灯所需的状态数量，该信号灯输出的信号依次是红色、橙色、红色、蓝色，然后是红色，并重复这个过程。
(b) 假设信号灯在红色和绿色状态停留 60 s，在其他状态只停留 10 s。编写一个 Acumen 对象类 My_Light 对这个功能建模。该对象中唯一必需的字段是信号 my_choice，它可以是 R（红）、O（橙）、B（蓝）或 G（绿），取决于颜色英文单词的第一个字母。确保对象是自包含的，并假设没有任何来自外部的输入。

4. 计算基本弹跳球示例的芝诺点，球从 10 m 高度落下，重力加速度值取 9.8 m/s²，

---

① https://citeseerx.ist.psu.edu/viewdoc/download;jsessionid=3C585F8161AE27B727A30F103CCFE6B8?doi=10.1.1.67.3146&rep=rep1&type=pdf.

恢复系数为 90%。

5. 考虑你准备设计一个剪刀、石头、布游戏玩家的情景：

（a）用输出第一个字母（P、R 或 S）表示每一步。绘制一个状态机，显示一个简单的游戏玩家所需的状态数量。该游戏玩家重复输出：先布（paper），再石头（rock），再布（paper），而后再剪刀（scissors），按这个序列信号不断重复。

（b）假设机器必须在 0.75 s 内输出每次动作。编写一个 Acumen 用对象类 My_PRS 对此功能建模。该对象中唯一必需的字段是信号 my_choice，它可以是 P、R 或 S。确保对象是自包含的，并假设没有任何来自外部的输入。

6. 考虑两辆汽车将要相撞的情景，它们的速度和质量如图 3.2 所示。

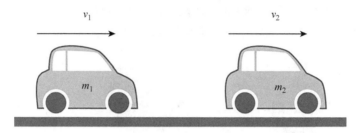

图 3.2　两辆汽车即将相撞

（a）假设恢复系数为 C。给出 w_1 和 w_2 的公式，w_1 和 w_2 是撞击后的速度，在相同方向上测量。

（b）如果两辆汽车的质量相同（$m_1 = m_2$），m_2 是静止的（$v_2 = 0$），当速度 v_1 增加 10% 时，速度 w_2 将会增加的百分比是多少？如果答案不是一个简单的分数，你可用公式表示。

（c）如果 m_1 是 m_2 质量的一半，而 m_2 是静止的（$v_2 = 0$），当速度 v_1 增加 10% 时，速度 w_2 将会增加的百分比是多少？

7. 考虑图 3.3 所示的两个质量体（用汽车表示）碰撞前和碰撞后的速度。

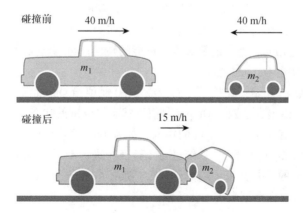

注：来源于 scienceblogs.com。

图 3.3　碰撞前后的两辆车

（a）给出动量守恒方程。这是一个与碰撞前和碰撞后速度有关的方程。

（b）计算此碰撞的恢复系数 c。

（c）假设 $m_2 = 100$，在这次碰撞中损失的能量是多少？

（d）假设 $m_2 = 100$，m_1 是多少？

8. 考虑图 3.4 所示两个质量体碰撞前后的情景。第一个物体的质量是 m，第二个物体的质量是它的 2 倍。第二个物体在碰撞前是静止的，两个物体在碰撞后连在一起。

（a）计算此碰撞中的恢复系数 c。

（b）给出与碰撞前和碰撞后速度有关的动量守恒方程。

（c）v_1 必须达到什么样的速度时，才能使 v_2 等于 1 000？

（d）假设 $m = 1\,000$，问题（c）的碰撞损失的能量是多少？

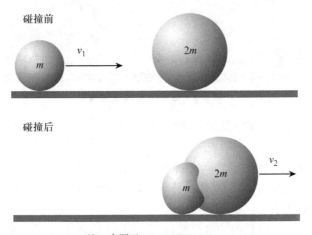

注：来源于 scienceblogs.com。

图 3.4 非弹性碰撞前后的两个球体

9. 考虑图 3.5，此类型图称为状态图，它以直观的方式广泛地用于表达有限状态机模型。由此图可知，初始状态是 S_1，其带有一个无明确来源的箭头；状态之间（有时是相同状态）的箭头表示可能的转换；每当转换时，箭头上指示的数字赋值于变量 Output（输出）。

（a）从初始状态开始，在按顺序 0、0、1、0 赋值给 Output 变量后，机器处于什么状态？给出在这四个 Output 赋值后状态机分别的状态。

（b）假设系统有一个名为 Input 的输入，如果 Input 小于或等于 5，系统进行 0 转换；如果 Input 大于 5，系统进行 1 转换。进一步假设系统转换决策和操作是同时做出的，并且每 1 s 执行一次。使用 Acumen 语言，并以 Input 和 Output 作为参数建立模型来描述此情景。

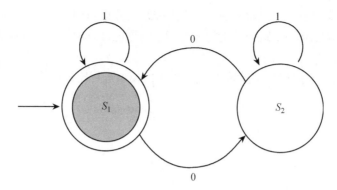

图 3.5　具有两种状态的有限状态机，从状态 S_1 开始

3.10　实验：离散弹跳

本节实验的目的是向你介绍混合系统建模构造，并将本章讨论的思路与项目活动联系起来。

以上一个实验你开发的模型作为起点，将那些模型与以下模型进行比较和关联：

```
model ball (x0) =

initially
x = x0, x' = 0, x" = 0

always
if (x > 0)
then x" = -9.8
 // - 0.1 *x' *abs(x')      // Drag

else if (x' < 0)
then x"  =  -9.8 - 100 *x + 10
 // Another state split to enable damping
 // during bounce

else x"  =  -9.8 - 100 *x - 10

model Main (simulator) =

initially
ball1 = create ball(10),
ball2 = create ball(20)
```

接下来，应注意，在原始模型中，发生弹跳是假设当球位置低于地面时有一个弹簧被激活。考虑创建一个瞬间发生的弹跳模型的可能性。构建一个以这种方式工作的模型并测试它。

当你完成这个练习时，将你的模型与以下的模型进行比较：

```
model BB()=          // Basic bouncing ball

initially
x = 5, x' = 0, x" = 0

always
if (x <= 0) && (x' <0)
then x'+ = - 0.5 * x'

else x"  = -9.8

model Main(simulator)=

initially
b = create BB()
```

以上模型存在一个奇怪的特点。当球到达"零高度"后，球的高度值开始滑向零值以下，因在 $x \leq 0$ 和 $x' > 0$ 的情况下，我们允许重力发挥作用。由此产生一个小的计算步骤循环，在此由于重力的影响，球的速度为正而位置低于地面以下，在该计算循环结束时，球获得较小的负速度且高度值下降。当检测到撞击时，速度再次设置为正并且取值减半。该过程往复则球的高度将不断下降。

以下的模型是一个更好的模型，确保当球低于地面但处于上升状态时，球保持该速度并且不受任何外力作用。

```
model BB()=          // Basic bouncing ball

initially
x = 5, x' = 0, x" = 0

always
if (x > 0) then x" = -9.8

else if x'< 0
then x'+ = - 0.5 * x'

else x"  = 0
```

```
model Main(simulator)=

initially
b = create BB()
```

将你的模型与此模型进行比较，当你尝试对瞬时弹跳建模时，记录你发现的特别需要注意的点。虽然，得出一个简单而清晰的瞬间弹跳模型具有挑战性，但其代表了经常会出现的情景：一个连续域的动力学达到一个定义明确的边界，而在边界处的动力学又将物体推回这个连续域中。

3.11　项目：基于速度的乒乓球机器人选手

本项目活动旨在开发一个乒乓球机器人选手，该机器人选手的表现能超过其他选手，至少能超过默认选手。在这个项目活动中，你的模型需要通过发送速度信号来控制选手移动球拍。要注意的是，使用的速度越大，你消耗能量的速度就越快！默认选手通过计算击球速度和预测乒乓球轨迹两个关键点进行工作。第一个点（p_1）是球撞击桌面的点，是由球的速度计算出来的。第二个点（p_2）是球在桌面上反弹后在空中运动的最高点，这是根据弹跳后的预测速度计算出来的。然后，球拍移动到球反弹之后的最高点（p_H）并击球。需要注意的是，当球拍移动并击中球时，它会损失能量（$\max E$），而每个选手开始时的能量水平都是固定的。你所修改后的选手必须比默认选手消耗更少的能量，并且比默认选手更好地预测第二个点。你需要定制自己的策略来减少球拍的移动或提高球拍的速度。

如果你正在使用本教材作为课程的一部分，则可向你的导师询问是否期望你使用特殊版本的模型。

为了更快更好地完成该项目，优秀的科学家和工程师需要的一项重要技能是调试。本质上说，你需要通过这项技能来确定如何从一个不完全按照你的意愿运行的系统开始，达到一个完全按照你的意愿运行的系统。成功调试的关键是系统性地隔离和定位。很多科学家和工程师都使用这项技能解决实际问题。关于这方面的主题可查看相关文献[1]。

设计任何一个有趣的系统都需要积累大量的知识。我们的记忆仅是收集知识的一种方式，它通常并不像我们想象的那样有效。记录你的每个项目活动的结果是让你积累知识的一个很好的方法，因此，不要将它们视为仅仅是你为老师做东西，其实它们更是为你自己，在工作过程中还能不断地检查它们。另一种非常强大的积累知识的方法是测试用例。建立你自己的测试用例，并在开发时使用测试用例自动测试你开发的选手，可通过开发采用不同策略的替代选手来开发测试用例。

---

[1] https://blog.regehr.org/archives/199。

为了在未来的项目活动中，确保你开发的机器人选手避开你在活动中发现的每一个缺陷，我们建议你分享自己开发的选手，因为这将有助于你在下一个项目活动中的选手开发得以提高，并增加你在决赛中获胜的机会。

3.12 进一步探究

- 关于动量和恢复系数的文献。
- 关于工程、有限状态机、混合系统和计算理论的背景知识。
- 由 Lygeros、Tomlin 和 Sastry 撰写的在线混合系统教材。
- Branicky 的论文中关于混合动力系统的介绍。
- VSause 关于芝诺行为和其他悖论的有趣视频。

第4章 控制论

如果只能直接控制输入，又怎么能保证系统以某种方式运行并获得输出呢？本章将介绍误差、反馈（负和正）和稳定性。我们着眼于在静态系统（运算放大器）和动态系统中来辨析这些概念。我们将以 PID（比例 – 积分 – 微分）控制器设计作为一个非常基础的示例，介绍如何开展控制器的设计。最后，我们将研究讨论在数字计算机上实现控制器的效应，以及使用数值（由 N 位来表示值）和时间（仅在时钟节拍上采样或作动）有限表示的效应。

4.1 介 绍

实际上，每一个赛博物理系统的功能中都必须包含**控制**，即确保某些可变量达到某一特定的期望值。例如，我们可能想要汽车保持某一特定的速度，船舶保持某一特定的方位，或飞机保持某一特定的高度。控制论本身就在于考虑这些问题。

更直观地，系统控制是通过确定如何改变某些输入来实现某些行为的输出。在上述的简单示例中，我们具有单值（single-value）和单参数（single-parameter）的目标。在实践中，控制问题可能涉及在若干不同的维度需同时达成某一高度复杂的动态行为。也就是说，许多最基本的控制原理可用单值、单参数的示例予以解释和说明。

在讨论控制时，我们习惯上将受控的系统称为"装置"（plant），而将那些提供所需输入以实现预期输出的系统称为"控制器"。如图 4.1 所示的块图（block diagram），通常用于描述这两个系统之间的关系。

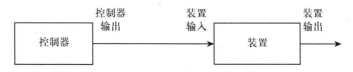

图 4.1 表明装置与控制器之间关系的块图

如果我们的目标仅仅是实现单值输出，并且我们完全理解装置的运行，那么就可以使用一个没有输入的控制器达到这一结果，如图 4.1 所示。但一般来说，我们期望设计一个控制器，根据我们所提供的另外的一个输入值，使装置产生不同的输出值。为了达到这样的目的，我们需要一个控制器，将装置输出目标作为其参数。这样的更一般的情景如图 4.2 所示。

图 4.2　用于控制目标参数的控制器块图

注意以下内容具有指导性：如果将装置的行为视作一个数学函数，那么这个问题就可由具有逆函数装置的一个控制器来解决。当然，这也意味着，只有当装置的本身具有可逆函数行为时，这个问题才能得到求解。另一个更微妙且困难的是，为了构造逆函数，我们还必须事先（即在设计控制器时）准确理解装置函数。通常来讲，我们几乎不具备这方面的知识。由于种种原因，我们需要控制的大多数系统的参数及组件在不同的实例之间略有不同，其中包括生产流程、温度影响、寿命影响、环境影响等，还有许多其他因素。

4.2　反馈控制

在实践中，几乎所有实际的控制器都不可能是尽善尽美的。在任何时刻，控制器运行不完美的程度都可使用装置将期望输出与实际输出的差值得以量化，这个差值称为**误差**。注意，这样做，我们认为控制器的输入告诉了我们所期望的输出。当我们将一个系统视作**控制系统**时，这就是一个共识。

简单地尝试构造逆函数，即使是在静态系统中这也异常困难，而在实践中，可直接利用误差构造一个非常有效且更加简单的控制器。这正是由强大的反馈思想得以实现的——将系统的输出反馈到系统的输入端，无论是整个系统的输入还是仅在控制器的控制背景环境中的控制输入。一旦我们允许自己使用系统的输出作为控制过程的输入，误差很容易通过一个简单的组件计算出来：使用期望的装置输入值减去装置输出值。一般而言，我们可想象如图 4.3 所示的情况。

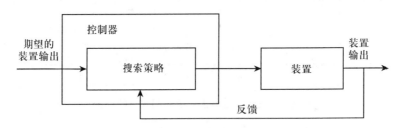

图 4.3　表明具有反馈和搜索策略的控制块图

一个简单的策略是，可以包括以下几方面，首先"试着"给装置输入一个值：如果误差是正的，就增大这个值；如果误差是负的，就减小这个值；如果期望与实际的输出值非常接近（误差接近 0），就可以停下来。

虽然这种控制策略有助于简单直观理解如何利用反馈来控制系统，但对于形式化分析而言，这不一定是最容易的。出于这个原因，首先我们将更加详细地研究一种更加简单直观的控制器的设计策略。

4.3　比例反馈控制

一个控制器可简单地包含这样一个单元：该单元接收两个输入并计算误差，然后将该误差乘以一个特定的因子，得到的值作为装置的输入。这种情况如图 4.4 所示。

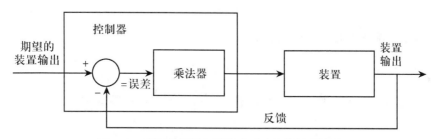

图 4.4　表明带反馈和增益（乘法）的控制块图

尽管这样构造的控制器看起来很简单，但以这种方式使用反馈的思想却是作用巨大的，除了构造相对容易外，还涉及许多有用的理论并且有实际益处。然而，我们需要先确定这个控制器能够真的帮助我们达成控制的目的，通过计算装置输入，从而确保装置达到期望的输出值。

例 4.1　**导线装置的反馈控制**：考虑这样一种情景，我们的装置就是直通的导线装置，没有其他可用的行为。这样的情景设置有利于我们理解反馈控制思想是如何运作的。让我们再进一步考虑乘法器增益 G。为简单起见，我们使用以下变量表示系统中的各种参数值：

- e 为误差；
- x 为装置输入；
- y 为装置输出；
- z 为期望的装置输出。

控制系统行为的方程如下：

（1）误差 e 表示为：$e = z - y$；

（2）由于装置是直通导线，所以 $y = x$；

（3）装置的输出即控制器的输出，所以 $x = Ge$。

为了理解这类控制器的行为，就必须了解上述方程的组合效应。如果将 e 从（1）等式代入（3）等式中，将会得到

$$x = G(z - y)$$

类似地，如果将 x 的值代入（2），将会得到

$$y = G(z - y)$$

从这个方程开始，可使用下面的方法推导出由 z 表示 y 的表达式。

首先注意到上面这个方程可应用乘法分配律相减，展开得到

$$y = Gz - Gy$$

由此等式两侧都加上 Gy，可推导出

$$y + Gy = Gz$$

再利用乘法分配律于加法，可以得到

$$(1 + G)y = Gz$$

如果假设 G 为正，则 $1 + G$ 为非零。由此，便可以将等式两边同除以 $(1 + G)$，得到

$$y = \frac{G}{G + 1} z \tag{4.1}$$

现在考虑当改变 G 值时，公式（4.1）中的关系会发生什么变化呢？如果 G 是 0，那么 $y = 0$。这显然是一个特别糟糕的控制器。但如果 $G = 1$，那么 $y = \frac{1}{2}z$。从任何意义上看，这也不是一个完美的控制器，因为输出总是仅为我们期望的一半。但有趣的是，这个简单的结构使得 y 在 z 变化时表现出有意思的行为方式。总增益与增益 G 的关系如图 4.5 所示。

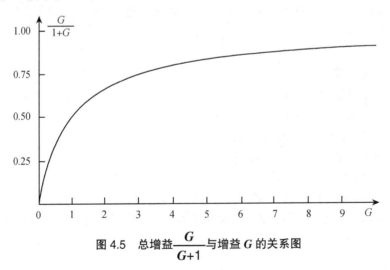

图 4.5　总增益 $\dfrac{G}{G+1}$ 与增益 G 的关系图

如果 G 为 99，则 $y = 0.99z$。这表明，随着增益越来越大，该控制器会使 y 值更接近 z 值。显然，99% 的值并不等于真值，但已十分接近；能从这样的简单控制器上得

到这个结果，令人瞩目。最后应注意，当增益任意增加时，该控制器可使输出值任意接近期望值。

练习 4.1　例 4.1 中描述的反馈系统，给定系统所期望的总体增益，试推导出用以确定 G 的公式。

4.4　运算放大器

考虑这个控制器对完全无源装置的作用，具有指导意义，无源装置由输入直通到输出的导线组成。在实际中我们可能会质疑，是否需要控制如此简单的系统？特别是，为什么这种结构会比直接将控制器的输入连到装置输入更好？事实证明，这是电子学中一个常见的结构，称为电压跟随器（voltage follower，也称电压解耦器）电路，它通常如图 4.6 所示。

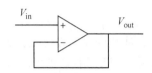

图 4.6　电压跟随器电路示意图

用三角形表示的实体是运算放大器，它由一个差分单元及其后续的一个乘法单元组成。增益通常称为 β，增益值常为 10^5 量级。这种结构的最大好处之一是，允许我们在输入和输出之间创建一个（很大程度上的）**直接关系**：运算放大器迫使输出值十分接近输入值，反过来则不行。为达成此目的，运算放大器所消耗的电力来自于未在图中明确表示的电源。运算放大器是电子电路中最常用的元件之一，因为它可以在各种电路中用来构建控制器而变得非常有用。

例 4.2　恒定增益装置：现在我们考虑这样一种情景，装置不再是简单的导线，而是一个增益为 H 的放大器。进一步假设乘法器（控制器）的增益为 G。我们还是使用与之前相同的约定：

- e 为误差；
- x 为装置输入；
- y 为装置输出；
- z 为期望装置输出。

这个新系统由以下方程描述：

（1）$e = z - y$ 表示误差；

（2）$y = Hx$ 表示装置的行为；

（3）$x = Ge$ 表示控制器的行为。

将 e 从（1）等式代入（3）等式中，可得到

$$x = G(z - y)$$

类似地将 x 的值代入（2），可得到

$$y = HG(z - y)$$

遵循（与例 4.1）类似的一系列的步骤，并假设 $1 + GH$ 不为零，可得到

$$y = \frac{HG}{1 + HG} z \qquad (4.2)$$

注意，我们在例 4.1 中导出的方程是该方程的特例，其中 $H = 1$。但更具指导意义的是，认真思考整体的增益因子 $\frac{HG}{1 + HG}$ 如何随 H 变化。假设 G 为正，那么当 H 为正时，得到与我们之前看到的类似行为：输出将接近目标值。当 H 任意增大时，比值 $\frac{HG}{1 + HG}$ 也趋于 1，这意味着该控制器能够有效地使输出达到所期望的值。同样有趣的是，注意到如果 H 为负并趋于 $-\infty$，该比值也趋于 1。这也是一个有意思的观察，因为其表明反馈控制器可以有效地工作，即使系统增益为负。

然而，这些观察结果并不意味着这一类型的控制器将适用于任何 H 与 G 的组合。特别是，如果 $1 + HG = 0$，我们将无法推导出后一个方程。事实上，在这种情况下，我们得到的结果退化为：$0 = HG \times$ 目标值，这与"目标值是除零之外的任何值"这一假设相矛盾。在这种情况下，我们的控制器将出现奇点。事实上，当 H 值在 $-1/G \sim 0$ 之间时，系统的整体行为是有问题的。奇点恰好发生在 $-1/G$ 处，但在 H 为 0 之前，整体增益为负。为了理解 H 是如何影响整体增益的，让我们取 G 为 1，并绘制 $\frac{H}{1 + H}$ 与 H 的关系曲线。结果如图 4.7 所示。

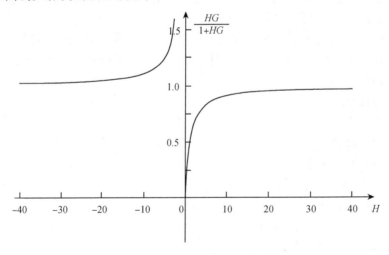

图 4.7　整体增益 $\frac{HG}{1+HG}$ 与 H 的关系图

因此，当我们试图寻找一个 G 值来控制具有已知（正）的增益系统时，G 取为任何正数就足够了；增益 G 越大，我们就能得到更加接近目标的结果。然而，如果我们控制的系统增益不是严格为正的，那么我们可能需要做（重要的）额外的工作，以确

保我们的负反馈控制策略不会出现奇点或导致不期望的行为。

虽然对于某些类型的系统，检查 H 是否为正相对容易，但当系统本身增益取决于装置状态时，那就不一定容易了。在这种情况下，可将 H 视作在特定状态下系统的输出是关于输入的导数。为确保这样的控制器能够表现良好，就需要对系统的**所有**可能状态进行分析。

练习4.2 对于例4.2中的系统，令 $z = 1$，$G = 1$，绘制 e 随 H 从 − 50 到 50 的变化曲线。在同一图上（如果可能的话），绘制 G 等于 10 和 100 时的曲线。

例4.3 动态系统：让我们考虑这样一种情景，装置不仅仅是一个简单的（恒定的）增益，而是涉及输入变量累积的一个动态过程。此类系统的一个示例是一个对象，我们可观察其位置，可控制其速度。这是我们日常驾车的情景。现在，装置不再是一个从输入到输出的简单函数，必须考虑时间概念因素。

遵循类似之前我们所使用的约定，在任何时刻 t，我们都认为：

- $e(t)$ 是误差；
- $x(t)$ 是装置输入；
- $y(t)$ 是装置输出；
- $z(t)$ 是期望的装置输出。

这个新系统将由以下方程描述：

（1） $e(t) = z(t) − y(t)$ 表示误差；
（2） $y(t) = y(0) + \int_0^t x(s)\mathrm{d}s$ 表示装置的行为；
（3） $x(t) = Ge(t)$ 表示控制器的行为。

将等式 $e(t)$ 从（1）等式代入（3）等式中，可以得到

$$x(t) = G[z(t) − y(t)]$$

类似地将 x 的值代入（2），可以得到

$$y(t) = y(0) + \int_0^t G[z(s) − y(s)]\mathrm{d}s \tag{4.3}$$

我们若是初次遇到这样的方程，可能觉得很麻烦，其实有很多方法可以解决这一问题。事实上，可将其视作一个**线性微分方程**，利用一些方法可将其转换到频域中，并且几乎与我们前面所处理的两个静态示例的方法完全一样，而静态问题其实意味着不具有任何时间的概念。

对线性系统感兴趣的读者（如电子工程专业的学生），可通过查阅大量的关于线性电路和线性控制理论的文献来探索这一路径。在此，我们将寻求一条路径，不需要求解线性微分方程而使用巧妙并有些特别的机制。

现在回到我们给出的公式（4.3），继续作一些简化，以帮助我们理解这个公式所表示的行为。一旦我们有了简化假设条件下的解后，我们将会看到如何去掉这些假设。首先，我们假设 G 为1，$z(t)$ 是常数函数0，此时我们得到方程：

$$y(t) = y(0) + \int_0^t - y(s)\mathrm{d}s$$

因为积分和微分一样都是线性运算，所以可将负号放在积分运算符外面，得到

$$y(t) = y(0) - \int_0^t y(s)\mathrm{d}s$$

我们可对上式两边进行求导，进一步简化该方程，可得到

$$y' = -y$$

这个方程因失去有关 $y(0)$ 的信息，因此并不能唯一确定前一个方程的解。但这仍然是一个非常有用的方程，告诉我们无论 $y(t)$ 的解是什么，一定具有这样的性质：它等于方程自身导数的负值。而具备这一性质的函数，就是指数函数 $y(t) = e^{-t}$，事实上，对于任意常数 a，函数 $y(t) = ae^{-t}$ 都能满足上述这个方程。我们可通过 $y(0) = ae^0$ 来确定 a 的值，ae^0 就是 a。因此，如果 $y(0) = 2$，则系统的输出为 $y(t) = 2e^{-t}$，其解如图 4.8 所示。

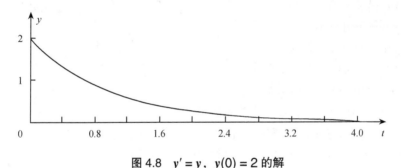

图 4.8 $y' = y$，$y(0) = 2$ 的解

从这一示例中可以看出，我们得到的反馈策略似乎提供了满足预期的控制效果。如果期望的目标始终为 0 的函数，那么增益 $G = 1$ 的简单反馈控制器似乎确保系统接近该目标。此外，该系统可相对较快地实现这一目标。图 4.8 表明，在 5 个时间单位内，系统的输出几乎接近于 0。

现在让我们考虑一下，当输出不是 0，而是另一个常数值 Z 时，系统的方程就变成：

$$y(t) = y(0) + \int_0^t \left[Z - y(s) \right] \mathrm{d}s \qquad (4.4)$$

对方程（4.4）两边求导，可得到

$$y' = Z - y$$

因为我们知道，一个常值的导数是零，因此可以再次考虑尝试将函数 $y(t) = Z + ae^{-t}$ 作为这个方程的解。事实上，它和预期的一样，因为从 Z 中减去 Z 也得到 0。a 的具体值的确定方法与前面相同：使用初始条件 $y(0) = Z + a$，则 $a = y(0) - Z$。当然，我们假设 Z 是给定的。对于 $y(0) = 1$ 和 $Z = 5$，$a = 4$，$y(t) = 5 - 4e^{-t}$，其曲线形式如图 4.9 所示。

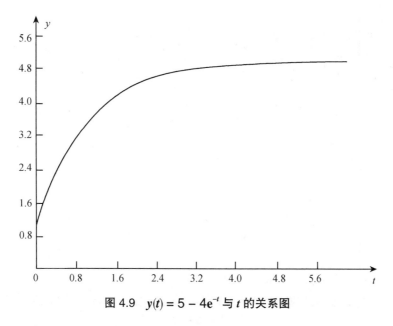

图 4.9　$y(t) = 5 - 4e^{-t}$ 与 t 的关系图

此时，我们再次注意到，输出值很快就能变为期望值：在本例中它也是 5。

对于一些时变函数，也可通过解析计算得到闭合解的形式。例如，我们可能希望确定，当 $z(t) = Z - t$ 时系统的输出。在这种情况下，方程变为

$$y(t) = y(0) + \int_0^t \left[Z - t - y(s) \right] \, \mathrm{d}s \qquad (4.5)$$

两边同时求导，可得到

$$y' = Z - t - y$$

采用与上一个例子相似的求解过程，我们可以看出，其解为

$$y(t) = Z + 1 - t + ae^{-t}$$

将该式代入方程 $y' = Z - y$ 的两边，可得到

$$-1 - ae^{-t} = Z - t - Z - 1 + t - ae^{-t}$$

化简得到

$$-1 - ae^{-t} = -1 - ae^{-t}$$

显然，这是满足的。

对于 $Z = 5$，$y(0) = 2$，时刻 0 的解方程是 $2 = 5 + 1 - 0 + a$，即 $2 = 6 + a$，所以 $a = 4$。因此，$y(t) = 6 - t - 4e^{-t}$，即图 4.10 中的黑色线。

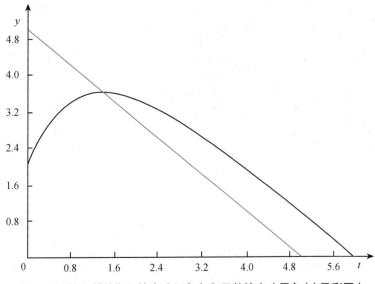

图 4.10　控制器的期望输出（红色）和函数输出（黑色）（见彩图）

　　图 4.10 中的红色线是期望的输出函数。由此看出，该控制器与所期望的输出函数适度地吻合，但它并没有像我们想象的那样精确吻合。这自然地引发了我们思考一个问题：改变反馈控制器中的增益 G 会如何影响我们的系统？若将增益 G 考虑进去，式 (4.5) 可修正为

$$y(t) = y(0) + \int_0^t G\left[\, Z - t - y(s)\,\right] \mathrm{d}s \qquad (4.6)$$

两边同时求导，可得到

$$y' = G(Z - t - y) \qquad (4.7)$$

　　理解如何解决这个分析问题的一个好方法是先后退一步，暂时忽略 $z(t)$（它在最后一个方程中作为项 $Z - t$ 出现）。因此，当 $z(t) = 0$ 时，系统由方程 $\mathrm{d}y(t)/\mathrm{d}t = Gy(t)$ 支配。如果我们单纯地代入解 $y(t) = ae^{-t}$（错误的），我们能得到一个很好的提示：知道需要做什么才能得到正确的解。方程左边是 $-ae^{-t}$，右边是 $-Gae^{-t}$。为了修正该差异，我们需要把 G 放到解的形式中，这样当我们求微分时，它就变成了一个乘数因子，也就是说，使 $y(t) = ae^{-Gt}$。对于这个表达式，两边都是 $-Gae^{-Gt}$，则方程满足。

　　以此 $z(t) = 0$ 时的解作为起点，我们可回到式（4.7），尝试构造这个问题的解。同样，我们可采用有根据的尝试来代替解，看看会发生什么？例如，我们可考虑：

$$y(t) = Z + 1 - t + ae^{-Gt}$$

它只是对上述推导出的 $G=1$ 情况下一个微小调整的解。现在，左边是

$$- 1 - Gae^{-Gt}$$

右边是

$$G(Z - t - Z - 1 + t - ae^{-Gt}) = - G - Gae^{-Gt}$$

意味着只需要找到一种方法，让右边变成 -1 而不是 $-G$。这暗示了这样一个解函数：

$$y(t) = Z + \frac{1}{G} - t + ae^{-Gt}$$

将此项代入左侧得到

$$- 1 - Gae^{-Gt}$$

代入右侧：

$$G\left(Z - t - Z - \frac{1}{G} + t - ae^{-Gt} \right)$$

化简后是 $- 1 - Gae^{-Gt}$。我们确认这是解的正确形式。对于 $Z=5$，$y(0)=2$，$G=10$，0 时刻的解方程为 $2=5+0.1+a$，即 $2=5.1+a$，得到 $a=-3.1$。这样，$y(t)=5.1-t-3.1e^{-10t}$，即图 4.11 中黑色线。

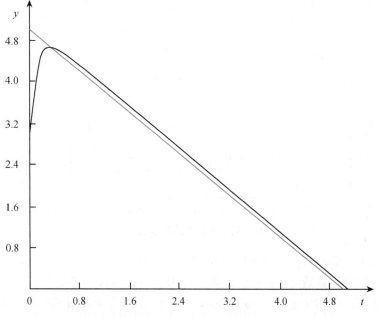

图 4.11　控制器期望输出（红色）和函数输出（黑色）（见彩图）

在图 4.11 中，无论是从它与目标函数轨迹相交的速度，还是从两个函数在相交后的幅值差来看，很明显我们的新控制器更加吻合于目标函数。

总而言之，我们已看出比例反馈控制可用于：

（a）输出等于输入的"直通（什么都不做）"装置；

（b）输出与输入成比例的比例装置（需要注意避免奇点）；

（c）简单的动态系统。

练习 4.3 使用 Acumen 实现例 4.3 中讨论的最后一个系统。运行仿真验证我们推导的输出函数的分析结果。使用 Acumen 模型，改变 G 值，使 1.6 时刻的期望输出和实际输出之间的误差不超过 1/100。

4.5 多维误差和比例－积分－微分反馈控制

从以上我们注意到，通过增加控制器增益，我们通常可在函数输出值与期望输出值的接近程度方面获得更好的性能。然而，简单地增加增益并不总是改善控制器性能的最理想的方法。例如，高增益可能需要使用更大的能量。此外，如果反馈读数错误或链接断开，系统将具有高开环增益，会导致由其引起馈电装置输入的受损。

让我们回头再来看看比例反馈控制的总体模块图，我们可以考虑对反馈执行不同计算的可能性，然后使用它们计算出不同的误差概念，并将它们组合成一个用于驱动装置的误差项，如图 4.12 所示。

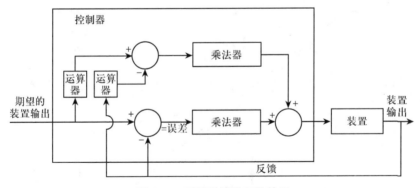

图 4.12 受控装置的泛化块图

图 4.12 中，运算器原则上可以执行任何运算操作。例如，在我们控制汽车速度的情况下，我们视运算器可进行微分运算，从而将位置读数转换为速度读数；或者，我们视运算器可进行积分运算，在这种情况下，我们就可估算出行进距离。我们没有理由将运算器限制为其中一个或另一个运算，我们可添加另一个运算器路径并同时支持这两种运算。在此布局下，对误差具有贡献的每一条路径都可视为共同表示误差元组

的其中一个维度。然后，将输入计算为这些独立组件的加权线性之和。接下来的问题是通过组合这些路径，我们将从系统中得到什么样的行为。

例 4.4　油门控制车辆：考虑一个汽车系统，该系统通过油门参数（假设与加速度成比例）进行控制，系统的输出是汽车的速度。控制器的输入为期望的速度。这个示例对于了解两种运算符（微分和积分）的效应颇具指导意义，这两种运算符的使用相对频繁。但是，当我们尝试理解每一条路径的动作时，设想我们先是禁用其他路径将会更易于理解。然后，我们可在之后再来考虑加入各个组件误差的效应。单独使用微分，我们就会得到一个控制器，它试图让汽车获得与控制器输入的加速度相同的加速度。这可能是一个有用的控制策略，例如当我们想要满足某些舒适条件的约束时（过高的加速度会影响乘客体验的舒适度）。实际上，通常需要对这类控制器多一些关注，因为导数的变化可能比期望的速度信号的实际值要突然得多。此外，从速度信号估计加速度容易产生噪声和测量假象（译者注：测量假象包括测量误差和特定量表因素）。当我们对具有综合效应的动态系统使用简单比例反馈时，关键的基础微分方程具有 $y' = -y$ 的形式。当引入微分运算符时，我们的系统基本上保持相同的形式。在某种意义上，对于此方程我们有更多的方法得到相同的系数。

单独使用积分，我们也会得到一个控制器，它试图让汽车的位置与控制器输入的累加位置相同（直到某个恒定偏移量）。这种方法可用来避免例 4.3 中研究最后一个系统观察到的常量。

一般来说，对于实现一个保留过往行为历史记录的控制器以及整个过往行为影响当前状态的情况下使系统正常运作，积分方式非常有帮助（例如，一辆汽车的整个过程中的速度会影响到最终的地点）。

然而，通过在控制器中使用积分运算，我们得到了一个形式为 $y'' = y$ 的方程。该方程的一个重要特征是，它们会导致振荡。特别地，$\sin t$ 可是该方程的一个解。这就是为什么将不同维度的误差组合起来生成最终结果通常比较有用的原因之一。例如，按当前速度的比例减少加速度信号通常会对这种振荡产生阻尼效应。这种组合（比例－微分）系统的基本方程可视作 $y'' = -y - y'$。

练习 4.4　使用反馈的导数构造一个具有一维误差的系统，系统输出描述方程为 $y' = -y$。

练习 4.5　使用反馈的积分构造一个具有一维误差的系统，系统输出描述方程为 $y'' = -y$。

练习 4.6　构造一个具有二维误差的系统，系统输出描述方程为 $y'' = -y - y'$。

实验部分将进一步提供有关这类系统的经验，将帮助我们开发和提交一个极具竞争力的项目。

4.6 本章的亮点

1. 控制论

（a）几乎不可分割的 CPS 部分，例如暖通空调、汽车、飞机、赛格威。

（b）在数学模型的层面，这意味着什么？

- 我们想要寻找到一个输入，它能给我们得到一个确定的输出；

- 基本上是一个逆函数，例如带旋转角度的水龙头。

（c）逆函数真是我们想要的吗？

2. 比例系统中的负反馈

（a）简单的乘法系统（H）；

（b）简单负反馈增益（G）；

（c）要当心复合增益的偏差；

（d）当 G 变为 $\pm\infty$ 时的限制；

（e）如果 H 是 + 或 −，该怎么办；

（f）出现奇点怎么办？

3. 积分系统中的负反馈

（a）简单的积分系统；

（b）相关方程推导；

（c）响应形式；

（d）参数更改的效应；

（e）能量成本。

4. 双积分系统中的负反馈

（a）双积分系统。

（b）相关方程的推导。

（c）响应的形式。

（d）稳定的可能性：

- 尽早地采集反馈；

- 预估反馈。

5. 2D 和 3D 中的负反馈

（a）二维方程；

（b）三维方程。

4.7　研究问题

1. 求解并提交本章的练习 4.1、练习 4.2、练习 4.3 和练习 4.4。

2. 考虑图 4.13 所示构型中的运算放大器（运放）。假设该运算放大器的增益为 G。

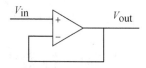

图 4.13　运算放大器构型

（a）使用增益 G，给出控制 V_{in} 和 V_{out} 之间关系的方程；

（b）使用以上给出的方程，推导依据 G 表示 V_{in}/V_{out} 的方程；

（c）计算增益 G 的最小值，确保 V_{out} 总是在 10% V_{in} 以内，也就是说，V_{out} 总是在 V_{in}（90% ~ 110%）之间；

（d）在 V_{out} 和运放的负（–）输入端之间，插入一个增益 H。在本题（c）所确定的增益条件下确定 H，以确保 V_{out} 完全等于 V_{in}。

3. 考虑这样一种情况：安排你针对电梯来构建控制器的任务。控制器获得 position_goal 和 speed_goal 两个信号。它还获得两个称为 current_position 和 current_speed 的测量信号。控制器必须产生一个称为 desired_acceleration 的信号。

（a）给出一个简单的比例 – 积分 – 微分（PID）控制器的数学表达式，它将计算在任何给定时间根据控制器的可用输入的 desired_acceleration 输出值。假设表达式中可能需要的增益系数为 K_1，K_2，K_3 等。

（b）编写一个 Acumen 模型，捕获所有输入信号的量化和离散化的效果，以及所有输出信号到控制器的离散化的效果。假设所有值都是以 0.01 步长量化，以 0.1 步进时长离散化。

（c）为你的系统创建一个测试场景，用该测试场景为每个参数确定合理的参数。证明你所选择的测试场景和你所得到的结果。

（d）这个系统的不稳定性会造成什么样的损害？你会用什么方法来管理电梯系统那些可能因意外干扰而导致的任何的不稳定性影响？

4. 设计一个控制系统，允许一个位于 Q、质量为（单位）1 的物体跟随另一个位于 P 的物体不断移动，两个位置点都有二维坐标。假设 Q 的位置是 q，P 的位置是 p。你使用的控制器的形式是：

$$q'' = A(p - q) - Bq'$$

通过对常数 A 和 B 进行合理的初始猜测，开始你的设计流程。

（a）你应该为 A 和 B 选择正值还是负值？解释你的选择。

（b）假设你进行了一些测试（仿真），发现 Q 要么围绕 P 振荡，要么 P 移动时超过 P。为了应对这个问题，你会对参数 A 和 / 或 B 做哪些改变？为什么？

（c）在改变参数后，假设你发现 Q 在跟随 P，但它看起来很慢或不断地落后（滞后）。你会对参数 A 和 / 或 B 做哪些改变来应对这个问题？

（d）假设你的选择看起来很好，除了当点 P 移动更快时滞后（两点之间的距离）会变大以外。在不对 A 或 B 做任何改变的情况下，你可以对控制器做哪些改变来改进？

（e）在实现这种控制器的过程中，识别可能遇到的一些实际困难。

4.8　实验：探索控制

本实验的目的是通过一些简单且具有代表性的动态系统仿真获得实践控制论基本思想的一些经验。

以下模型描述了一个具有初始条件的一阶动态系统：

```
model Main (simulator) =

initially
x = 1, x' = -1

always
x' = 5 - x
```

现在，让我们考虑从一个重要的技术问题开始。在 Acumen 中，我们指定了微分方程通常所需的更多的初始条件。在以上的例子中，对于微分方程我们只需要指定 x 的初值，但这里我们还需要指定 x' 的初值。对于这个模型，额外的初值并无显著影响，因为只要仿真开始，always 部分中的方程会不断地更新 x' 的值。

回到系统本身，可将这个简单的微分方程视为一个完整的控制系统，使用负反馈方案驱动 x 的值达到 5，其中 x 变化的速度，即 x'，与目标值 5 和当前 x 值之间的差异成比例。

这种类型的控制器将使 x 的值相对快速地接近目标值。如果我们想加快这个过程，可对 $(5-x)$ 项乘以一个大于 1 的因子。

对以上原始模型进行仿真。接下来，添加如上所述的增益因子，再看看其对 x 值随时间变化的影响；确认改变增益因子不会改变系统收敛的目标值；将目标值更改为另一个值，确认新的控制器（具有更高的增益）仍然会收敛于指定的目标值。

这种控制器的一个缺点是，x 的值可任意接近目标值，但在任何有限的时间内都不会真正达到目标值。这就促使我们研究二阶系统。得到二阶方程最简单的方法，实际上是对以上问题两边求导。这样我们得到以下模型：

```
model Main (simulator) =

initially
x = 0, x' = 1, x"  = -1

always
x"  = -x'
```

如果将导数 x' 命名为变量 y，那么这个方程就是 $y' = -y$。这有助于我们看到，其本身可被视作一个控制系统，让我们驱动变量 y 达到目标值 0。对于我们的原始模型来说，具备这个特性将是大有益处的。这样的模型，我们的明确目标是驱动 x 的值达到 5，但也暗含，我们希望 x 的值在达到那个值时就立刻停止变化。

探索修改以上的模型，使 x' 的值不是零，而是非零的速度，比如 10。提示：你可以看看我们的原始模型，以及我们是如何让 x 的值变成 5 的。运行仿真以验证模型的行为是否如你所期望的那样。

但只要拥有一个可化简为一阶方程的二阶方程，就不用真的去探求二阶方程的全部幂。以下模型是一个比较有代表性的二阶系统的例子：

```
model Main (simulator) =

initially
x = 1, x' = 0, x"  = -1

always
x"  = -x
```

同样，可将这个系统视为控制系统。在此，使用加速度驱动系统的作动部分，变量 x 的值通过负反馈驱动达到目标值 0。同时，也可将这个系统看成弹簧质量系统，其中加速度等于弹簧力，并与弦长成正比。然而，通过类比，可预期，系统将围绕目标进行振荡，而不是收敛于目标。也就是说，我们取得了一点进展，因为我们现在能够让 x 的值超越目标值。从某种意义上说，现在需要做的是消除振荡，或者至少将其降低到可接受的水平。

仿真上述系统验证此预期。

与以上的一个模型相比，我们舍去了允许将速度驱动到零的项。从某种意义上讲，我们可将这两种效应混合，方法是把两项都放在方程的右边，如以下的模型所示：

```
model Main (simulator) =

initially
x = 1, x' = 0, x"  = -1
```

```
always
x"  = -x -x'
```

这个方程也可被视为一个控制系统。在这个控制系统中，将 x 驱动到 0，并使用速度 x' 阻尼作动。可将项 x' 视为阻尼系统，原因是速度越高，加速度越低（由方程决定）。使用这种系统的一个关键好处是，当前变量 x 实际上可达到预期值并超过预期值，但仍然逐渐向预期值收敛。

对以上模型进行仿真，证实这些观察结果，特别是阻尼会随时间而减小。

我们可用下面的模板来泛化以上的模型，其中引入了额外的未定义变量 A、B、a、b。

```
model Main (simulator) =

initially
x = 1, x' = 0, x"  = -1

always
x"  = -A*(x-a) -B*(x'-b)
```

大写字母变量是增益，小写字母变量是偏移。这些变量提醒我们，可调节反馈到加速度作动的增益因子，可选择所认为的适合应用的位置和速度的目标值。

对以上模板的实例模型进行仿真，赋予这些变量不同的值，有助于更好地理解这些变量的角色和相互作用。尝试轮流赋予 A 和 B 不同的值，如 1 或 10，你注意到反映出来的质量差异了吗？尝试其他的值。你能定性地识别不同的行为，并建立关于这些行为何时（即基于什么增益）发生的假设吗？

接下来，回到这两个变量的取值均为 1 的情况，探究小写字母变量的不同值。你能说出小写字母变量是如何工作的吗？你能想象出小写字母变量来自另一个动态系统的情况吗？

完成这个实验，考虑如何在你的模型中定义功率，此概念为输入系统中的能量值。提示：在动力系统中，功率是力乘以速度。接下来考虑，如何使用这个定义来定义用以控制系统的总能量；定义一个成本函数，包含能量和目标距离随时间变化的积分。你能想到这个函数有哪些应用吗？

4.9 项目：基于加速度的乒乓球机器人选手

本项目活动仍然旨在开发一个乒乓球机器人选手，该选手能超越其他选手，至少能超过默认的选手。我们这次考虑的新挑战是球拍具有质量。为了捕获这个更真实的系统模型，新的球拍作动器仅能接收加速信号。你能施加的力也是十分有限的。因此，你的任务是在上一章项目活动所创建的选手的基础上继续开发，通过确定必须施加在球拍上的力，实现你之前可直接根据速度而指定的动作。注意，施加的加速度越大，消耗的能量（max E）就越多。对于这个活动，修改后的选手必须比默认选手消耗更少的能量，并且比默认选手更好地预测第二个点。你需要制定自己的策略，让球拍慢慢加速。

除了这个正式的需求之外，你还可以用其他具有创意的方式增强和改进选手。在如何完成这项任务方面，你有很大的自由度，你可以探索几个问题。记住你的目标是开发最好的选手，同时你不知道其他选手将会如何。但是，你可以想象，你的任务是创建一个能够打败尽可能多对手的选手。你可以选择考虑的问题包括：

- 优化默认控制器（作为本次巡回赛默认选手的一个组成部分）中的参数；
- 开发一个替代控制器（连续方程或混合控制器）；
- 最大化选手的准确性，同时减少能量消耗；
- 调整参数或开发全新的方法，改进选手的估计方法；
- 改变比赛策略（路径规划）；
- 改变游戏策略的参数。

你可以随意探索其中一种或所有的可能性，以及任何你认为能够带给选手竞争优势的可能性。

4.10　进一步探究

- 关于控制理论的文章。
- 关于运算放大器的文章。
- 关于四轴飞行器 CPS 的 TED 视频。
- 关于欠驱动（欠作动）系统倒置三重摆的控制视频。
- 四轴飞行器运球的视频。
- 关于复杂控制回路的文章：《睡眠和情绪》。
- Robohub 关于使用四轴飞行器和倒置摆控制的文章。
- 关于亚马逊开发送货服务四轴飞行器的文章。
- TED 关于苍蝇如何飞行的视频。

第 5 章　计算系统建模

我们如何对在物理背景环境中运行的数字计算机进行建模？本章着眼于实现控制器的"传感 – 计算 – 作动"模型，旨在应对模拟计算机和数字计算机实现计算的物理方面的一些问题，并涉及量化（和量化层级）、离散化（和采样）、奈奎斯特 – 香农定理、嵌入式硬件和软件、实时系统和约束等内容。

5.1　介　绍

现在我们想要实现那些控制系统，又该怎么做呢？我们需要制造一台机器！通常，这个机器包括一个传感器、一个嵌入式计算机和一个作动器。嵌入式计算机可以只是一台普通的计算机，当它处于另一个设备（如手表或汽车）中时就会变成一台专用的机器。这类系统通常在尺寸、能源利用率、单位成本、可靠性和实时响应性方面有着严格的限制。同时，实时响应通常意味着系统必须在一定的时间限制内响应某些输入（如来自使用者的命令）。

原则上，我们可使用一个由电阻、电容和电感构成的模拟电路来实现这样的控制器。事实上，人们曾一度也就是这么做的。然而，现如今数字电路的使用更为普遍了。为什么会发生这种变化呢？关于计算技术发生这种根本性转变所创造适当条件的探讨，将对为我们提供通用环境具有指导性的意义。例如，模拟计算机运行很快且功能用途众多，为什么还会被淘汰？

总的来说，人们对于模拟计算最大的担忧是再现性（重现性）。执行精确的计算需要精确的组件参数。不仅如此，这些组件及其特征对温度和周围的电磁场非常敏感，它们本身受周边环境影响，或者取决于组件如何使用和连接。更糟糕的是，随着时间的过去，大多数组件的很多特性会因老化而改变。

数字电路使用模拟电子组件，但与模拟电路相比，数字电路的主要功能是连接这些组件构成电路进行传输、处理，输出只有两个等级的电平。这两个电平用二进制数表示。我们认为，两个电平以外的任何值都表示系统尚未完成在两者之间的转变。

我们对该系统的第一印象，可能是它似乎未充分利用先进的电子技术：我们忽略了电子电路所产生的连续的可能以及视其为不同的值，而只关心表示二进制数的两个数值（或者更准确地说，是两个等级的区间）。

使用两级值的设计选择，也意味着我们仅是计算量化的值，即将所有值明确地转化为有限的、离散的数或表示方式。这样做的最大好处是，它使我们能够从使用特征不确定的组件转变到使用电路，而电路的结果十分明确，非对即错。当我们制造超快速、小型、节能同时又具备确定性和高可靠性的系统时，就要面临一些挑战，这一转变让我们能够理解并克服这些挑战。数字计算技术在当下普遍存在的事实证明了这种转变是广泛成功的。

5.2 量 化

量化有助于使电路计算变得强健。本质上，量化是将一个无限集合区间映射到一个有限集合中（通常保留顺序）。数字电路在其电压区间内进行量化。在二进制数字电路中，只有两个主要区间，一个低于某一水平值，另一个高于某一水平值，位于两个水平值之间的视为无效的瞬态。单独的模拟组件，可靠性低很多，而使用模拟组件构建高可靠数字系统成为了可能，其中量化是一个关键的思想。

从概念上讲，数字计算机的基本构建模块是二进制输入经运算产生二进制输出的门电路，例如 NOT、AND 和 OR 逻辑门。下表[①]给出了一些标准文本和图形标记，以及这些逻辑门在输入和输出之间具有的关系：

类　型	符　号	表达式	真值表		
AND	⎓⊐	$A \cdot B$	A　B		$A \cdot B$
			0　0		0
			0　1		0
			1　0		0
			1　1		1
OR	⎓⊐	$A+B$	A　B		$A+B$
			0　0		0
			0　1		1
			1　0		1
NOT	⊳∘	$\overline{A}$	A		$\overline{A}$
			0		1
			1		0

在实际电子电路中，比如集成芯片电路，逻辑门由晶体管实现，而晶体管是连续系统。但将其设计为稳定的，仅对高区间和低区间值分别输出 0 或 1（不一定按这个顺序）。这样，由逻辑门组成的整个电路，仅是针对 0 和 1 对应的那些特殊值进行处理，运行方式具有高可靠性设计。

只使用两个区间的值（一个对应 0，另一个对应 1）就会带来一个基本的问题：如果我们需要无限高精度，那么就需要无限的数位来表示这个数。比较常见的是，数

---

① 该表摘自 *Logical Gata* 一文，参见 https://en.wikipedia.org/wiki/Logic_gates。

字计算机的构建者针对值使用有限的表示。因此，当使用数字计算机时，我们都必须应对这一挑战。

5.3 离散化：你的电路能跑多快？

从输入到达的时间开始，每个门电路需要极小时间在输出线路上产生正确的值，这种传送延迟的区间从皮秒（10^{-12} s）到数十纳秒（纳秒是 10^{-9} s）不等，具体要取决于具体的构建技术。无论这种延迟多么小，所有逻辑门组合在形成正确答案之前都必将经历一段时间。当电路中所有信号的传送都完成后，我们称此时的电路处于稳定状态。所有设计良好的电路都应具有明确给定的时间，保证电路在该时间内稳定下来。[①] 大多数的数字电路都有这个定义的值，但这也引入了数字计算机的另一个限制。特别地，该限制决定电路采样（和处理）外部输入的最大速率。

为了支持**存储**和**迭代计算**，数字计算机电路通常包含将特定输出作为输入反馈到线路的回路。因此，这时再确定电路达到最终的稳定输出所需的时间则更具挑战性。由自由组合的逻辑门创建的电路，通常称为**异步电路**。另一种策略是使用特定线路作为时钟线路，使一组门以锁步（lock-step）方式工作，而这样的电路称为**同步电路**，时钟旨在为了简化并且有助于电路设计的组织。对于不同的应用，这两种电路类型各有优缺点，但在微处理器设计中，目前主要还是在使用同步电路。

现代电路设计的典型方法，包括使用单个时钟驱动整个电路的运行。时钟频率绝对化，限制了可能最大采样率。然而，还有其他考虑因素可能也会降低最大采样率，如可用内存以及电路其他部分处理信息的速率。这意味着所有使用数字计算机实现的系统，仅能在指定时间观察连续信号，并且这种采样之间的间隔极小。将连续时间映射到这样一个（可数无限的）时间概念的处理过程称为离散化。

5.4 回路：数字存储器的有界性

利用数字电路的反馈思想，可以多种方式使用二进制门电路来构建存储。特别地，考虑一个与（AND）门，其具有两个输入，分别是 A 和 B，以及一个输出 C。现在考虑我们将输出 C 连接到输入 B 的情景。结果是这个电路就只有一个有效的输入 A（由于输入 B 已与输出 C "直联"），而 C 仍然可当作输出，因为允许将一个输出连接到多个输入。这样的电路又是如何工作的呢？我们为了回答这个问题，当考虑系统的行为时，不但基于单一输入 A 是什么，而且还要基于输出 C 的当前值是什么。仔细分析表明，如果我们从输入为 1（或 True）的情况开始，只要输入 A 曾经是 1，系统

---

① 注意，并非所有电路都能变得稳定。例如，一些用于创建周期性信号（如时钟信号）的电路，意味着这些信号在 0 和 1 之间无限振荡。

输出就会一直保持 1 的状态。而一旦输入 A 变成 0，输出则也变成 0，并且永远保持 0 的输出状态，不管我们之后再如何改变输入 A 的值。

就是这么一个简单的电路，展现了一种非常基本的存储类型。在某种程度上，它是一个单事件的存储：假设我们在输出为 1 的状态下启动它，当输出变为 0 时它会立即"记住"曾经发生过输入为 0 的情况，并永远保持该状态。

关于问题部分的练习研究，将向我们展示存储位的保存，需要有一些逻辑门和连线。

此外，我们的 CPU、外部记忆体和外部存储设备都是有限的，我们的数字计算机只能存储有限的数据信息，尽管这种存储的成本似乎一直在不断下降。

5.5 回路：从硬件到软件——在存储器中保存可执行命令

到目前为止，本章主要关注的是硬件。其原因是，当我们将嵌入式数字计算机连接到物理系统时，将产生最基本的效应——量化和离散化，这正是硬件而非软件的特性。当然，软件可在一定程度上影响这些效应的产生，也有益于缓解问题的出现。此外，这些效应对嵌入式软件的构建方式有着重大的影响，对于响应性、实时期限、可靠性、容错等许多其他特性产生了特定的需求。但本章的目标是帮助读者对所出现的问题的本质以及这些问题如何在基本赛博物理系统整体行为中的表现有一个基本认识。掌握本章所讨论的内容之后，在本章的"进一步探究"中将向读者提供与嵌入式系统开发相关的一些基本概念。

5.6 量化和离散化对稳定性的效应

显然，量化和离散化是控制器实现过程中必须应对的两个新问题。控制论和嵌入式系统技术都为这一实现方法的开发提供了概念性的方法。这些主题大多超出了本章的范围。相反，我们想做的是帮助读者针对量化和离散化对于控制器运行效果的影响建立直观的理解。

5.7 计算效应抽象建模

有趣的是，对于整个控制器的实现，我们不需要完全切换到某一特定的硬件和软件平台，也不需要对我们所使用的数字计算机将会发生什么开展那些详尽的建模。相反，我们仅对连续控制器模型做一些微小的修改，就能很好地理解上述量化和离散化两种转换的效应。

当控制器的质量附在一质点上时，我们将考虑量化和离散化对其产生的效应。在没有任何量化或离散化的情景下，理想化的控制器所产生的力正比于 10 乘以质量到初始位置的距离：

(1) error = 0 - position;

(2) controller$_{force}$ = 10 * error;

(3) f = ma $\Longrightarrow$ a = f/m = controller$_{force}$/1。

在第一个方程中，我们设目标位置为 0，因此，误差就是位置的负数。由公式（1）、（2）、（3）可得到数学表达式：$a = x'' = -\text{position} = -10x$。因此，整个系统（质量和控制器）的方程为 $x'' = -10x$。这是一个理想的连续系统，恰好也是临界稳定的，因为系统持续无限振荡。在 Acumen 中，这个系统可建模如下：

```
model Main (simulator) =

initially
x = 1, x' = 0, x"  = 0

always
x"  = -10*x
```

注意，以上方程是我们之前描述的系统（比例控制），其表示非常简洁。我们可引入额外的中间"哑"变量，指向理想化"传感器"和理想化"作动器"的位置。它们具有特定值的信号，足以支持我们识别出表示传感器读取的值，然后就可以通过修改以上的 Acumen 模型来实现。如下所示：

```
model Main (simulator) =

initially
x = 1, x' = 0, x"  = 0,

sensor = 0

always
sensor = x,
x"  = - 10 * sensor
```

此模型捕获的行为与第一个模型本质上相同。我们视它为一个理想化的传感器，可读取质量的精确位置。当然，在实践中，将一个物理量（如一个流程）转换为线路上所表示的该值的信号，并非是一个轻而易举的过程。事实上，精确而无延时地捕获物理量，通常是不可能的。因此，这两个模型都应将其视为高度理想化的系统。

5.8　量化建模

我们现在需要细化模型，通常传感值以量化方式反映现实情况。我们可将量化过程建模为一个连续过程，试图仅通过以固定"量子"而改变的"传感器值"来"跟踪"连续的值。以下模型用以捕获这一跟踪过程：

```
model Main (simulator) =

initially
x = 1, x' = 0, x" = 0,

sensor = 0

always
if ((sensor + 0.3)<x)
then sensor + =sensor + 0.3

else if ((sensor - 0.3)>x)
then sensor+ =sensor - 0.3

noelse,

x"  = -10 * sensor
```

在此，我们使用一个更加复杂的关系替换上述简单的关系 sensor = x，以步长 0.3 的给进表示传感器值，使传感器值与实际值的误差不超过 0.3。这意味着，虽然传感可能存在误差，但就 x 的实际值和表示 x 值之间的差异而言是有限的。这是当我们量化一个值时，所发生的具有代表性的情形，量化的结果影响到整个系统。首先，只有当 x 值与传感器当前值进行比较，变化足够大时，才会触发传感器的值发生变化。其次，值得注意的是，这也意味着 x'' 值仅在传感器的值发生变化时才发生变化。这样一来，我们并不需要为关系 sensor = x 使用连续赋值，我们可在 if 语句分支中将其转换为纯离散的赋值。这使我们更易于发现，现在所得到的量化比最初看上去的，可能明显得多，但这并不是绝对必要的。事实上，以上述方式混合离散和连续赋值很方便，便于分析量化和 / 或离散化在一个连续时间系统中非常特定的点上的效应。

传感器和 x'' 的信号将因此不连续，但 x' 和 x 的结果信号不会不连续，因为基于高阶导数而确定的积分关系会消除跃迁。

量化最显著的效应仅能通过仿真模型观察变量 x 的变化：随着量化的增加，系统不再稳定。直观地说，我们可将量化视为引入的一类延迟，在此情况下，直到输入对比上次读取值产生足够大的变化，系统才能真正赋新的输入值。当然，这种变化本身需要时间，由此导致了延迟的出现。因此，我们在此见到的不稳定性与引入延迟后系统中观察到的不稳定性十分相似。在许多情况下，我们可通过改进控制器的运行来克服这种不稳定性，从而对结果系统产生更稳定的效果。对于线性系统而言，我们可以更精确地量化离散化的效果，并将其准确地纳入整个系统的设计中。对于非线性系统，需要对其不同类型进行更加具体的分析。

在该示例中为了量化不稳定性，我们可在仿真结束时简单地观测最后一个波的最大高度。此示例在仿真中我们看到，最后一个波的高度是最后全峰 x 的高度，大约为3.4。可将其视为系统振荡中 3.4 倍的增益，因为原始系统（没有量化的情况）的信号最大幅值只有 1.0。

5.9　离散化建模

现在我们转向离散化。连续信号的离散采样可看作是一种类似拍摄运动物体静止照片的方法。采集此类样本的关键是，要有一种机制来触发记录这些值。如之前示例中的 sensor，这还需要一个变量来记录值，并需要一个事件触发，将外部连续变量值写入该变量的计算单元表示中。采样（和离散化）是周期性的（在样本中等时间间隔地发生），或者更一般的情况是事件驱动的。周期性采样可视作是由周期性发生的时钟事件触发的事件驱动采样。我们需要将这样的采样建模看作一个桶，以固定的速率在添加水，当桶里的水达到某个阈值时，触发其采样。以下的模型表示这种情况，其中阈值（采样周期）为 0.05：

```
model Main (simulator) =

initially
x = 1, x' = 0, x"  = 0,

sensor = 0,

bucket = 0,bucket' = 1

always
bucket' = 1,

if (bucket > 0.05)
then bucket = 0,sensor = x

noelse,

x"  = -10 * sensor
```

就像之前的示例一样，变量 sensor 现在不连续变化，x'' 也是如此。现在不同的是，变化以固定的频率发生。

为了量化由于离散化所引入的不稳定性，我们需要注意仿真中的最后一个全峰的高度，即 2.6。同样，我们可将其视为系统振荡量的增益，因为原始系统（没有离散化或量化的情况下）的最大幅值为 1.0。

5.10　回路：离散化、采样率和信息丢失

利用有限数量的样本（我们可认为其是离散时间信号）捕获一个密集时间信号中的所有信息，当然是很困难的。为了让你自己相信这个事实，考虑对于所有离散时间信号，而后构造两个不同的密集时间信号，它们历经的所有相同的点，你任意选择两点，而在其之间略有不同。注意，只有当我们考虑所有可能的函数时，才存在这个困难；如果我们愿意将自己限制在特定几类函数中，情况会明显改善。例如，我们通常仅需考虑具有最大频率分量的信号。这个限制可直观地视为假设信号的变化不超过某个速率。更确切地说，这意味着超出一定频率以外的信号频域表示为零。在许多情况下，这是一个非常合理的假设，因为我们可认为多种物理系统是低通过滤器，它能从本质上确保该需求是确定的。对于这样的系统，**奈奎斯特–香农定理**带给我们好消息：如果信号中的最大频率分量是 B，那么以 $2B$ 频率对该信号进行采样，就足以捕获该信号中的所有信息。

关于这个重要且广泛应用的定理，有两点必要的说明。首先，在构建控制系统的背景环境下，它仅仅告诉我们采样中没有丢失任何信息。这与确保针对信号执行的计算而不带来额外损失，完全是两码事。信号中没有丢失任何信息这一事实，并不意味着执行密集时间计算的朴素模拟（naive analog）是获得相应行为的正确方法。关于这个定理的第二点说明是，它肯定不是唯一可从有界率（bounded-rate）样本中重构系统的情形。在许多基于对信号的不同假设情况下，有限采样能够获得关于信号的重要或完整的信息。

5.11　量化和离散化易于组合的效应

到目前为止，我们已分别考虑了量化和离散化，但在使用数字计算机实现控制器的环境中，我们同时拥有这两种效应，可以很方便地同时针对量化和离散化效应予以建模。如下所示：

```
model Main (simulator) =

initially
x = 1, x' = 0, x"  = 0,

sensor = 0
```

```
bucket = 0, bucket' = 1

always
bucket' = 1,

if (bucket > 0.05)
then if ((sensor + 0.3)< x)
then sensor+ = sensor + 0.3

else if ((sensor - 0.3)> x)
then sensor+ = sensor - 0.3

bucket = 0

noelse,

x"  = -10 * sensor
```

值得注意的是，当前增益变成了7.8。这明显大于单独量化或离散化的增益。这个示例提示我们，在系统设计中同时考虑量化和离散化的重要性。为确保在数字计算机上实际实现控制系统，它还表明基于特定赛博物理系统设计所依据的采样率（或多个采样率）的重要性。

5.12　本章的亮点

1. 计算系统建模

（a）我们从一个连续基底开始。

（b）引入混合系统。

（c）今天的大多数计算系统都不是"连续的"：

- 离散的；
- 量化的。

2. 量　化

（a）表示为0和1。

- 计算机如何工作：
  - 基本逻辑门；
  - 组件实际是模拟的！

（b）为什么我们使用0和1？

- 比模拟计算机更可靠；

- 组件可以是更便宜、更微小的;
- 组件易于组合。

3. 离散化

(a) 在离散的时间步长上运行。

(b) 为什么我们需要在离散的时间步长上运行?

- 时间安排更易于分析:
  - 避免竞争条件;
  - 避免反馈的复杂性。

4. 控制系统稳定性的效应

(a) 离散化。

(b) 量化。

(c) 我们如何管理?

- 选取分辨力;
- 选取采样率;
- 调节增益。

5.13 研究问题

1. 扩展 5.4 节中描述的电路,增加一个额外的输入 D,使输出 C 在输入值为 1 时变为 1。你最多选择使用两个额外的逻辑门。

2. 扩展 5.4 节中描述的电路,增加一个额外输入 CLK,当输入 CLK 为 1 时,输出 C 取任意值。你可以假设输入 A 在输入 CLK 值为 1 的时段内不变。当输入 CLK 为 0 时,输出保持不变,并与输入 A 的行为无关。

3. 在 Acumen 中运行 5.7 节的模型,并确认其产生以上描述的振荡行为。根据 Acumen 仿真确定信号的周期。假设信号是余弦波,通过将其代入方程并检查结果,确认你对周期的判断。

4. 传感器信号与 5.7 节最后一个模型中的 x 信号之间有一个不同。你能发现吗?

5. 在 5.8 节中声明:x' 和 x 的结果信号不会存在这样的不连续,因为基于更高阶的导数而决定的积分关系将平滑这种跃迁。运行 Acumen 中在此声明之前出现的模型,确认这些观察。修改代码,确定 sensor 变量两个不同值变化之间的最短时间。提示:可在模型中引入自身计时器来计算此值。另外,你仅需要计算在仿真期间内实际发生转换的最短时间。

6. 修改 5.9 节中的最后一个模型,确定仿真过程中传感器值的最大跃迁值。

7. 修改 5.11 节中的控制器,使其成为阻尼系统,除了考虑质量位置,还要考虑质量速度。开始可在方程右边用变量 x' 表示 x''。但请记住,x' 不能"魔术般地"出现在数字计算机中。对于这个问题，你的最终模型应包括一种仅基于传感器变量值来计算速度估算值的方法。

5.14 实验：稳定性练习

本实验的目的是回顾和扩展本章中关于量化和离散化的研究和讨论，重点是将其与我们迄今为止所学到的关于动力学系统和控制的知识联系起来。通过实验活动，我们为项目活动所需应对的问题做好准备，更重要的是，如何对量化和离散化影响赛博物理系统的效应有一个基本的认识。

在本章中，我们已经见过以下模型：

```
model Main (simulator) =

initially
x = 1, x' = 0, x"  = -10,

always

x"  = -10 * x
```

这个模型对我们来说很有价值，因为可将其视为一个典型的具有负反馈控制系统的例子，其结果行为处于临界状态，也就是说，介于稳定和不稳定之间。

仿真这个模型，证实结果为 x 在零附近振荡。

我们还注意到，以下模型变体本质上与以上的模型相同，只是引入了一个变量 sensor 该表示控制器中的传感器输入。此控制器是由方程表达的。

```
model Main (simulator) =

initially
x = 1, x' = 0, x"  = 0,

sensor = 0

always

sensor = x,

x"  = -10 * sensor
```

为了探究如何表示被测的信号以及将其传递到用于计算控制信号的过程所发生的事件，以上这个模型变体是个很好的起点。注意，将传感器信号简单地设置为我们想要的测量值，由此假设传感器是高度理想化的。当测量信号时，还需要额外建模和转换并对此进行映射，从而能够更准确地表示实际发生的情景。

量化来源于这样的事实：我们使用的机器以二进制位（bit）离散地表示数值。我们无需担心如何以简单的方式实现离散表示而量化建模的细节，也不需要探究它对基本控制系统的影响，例如我们正在考虑的这一系统。以下的模型说明了量化建模的基本方法：

```
model Main (simulator) =

initially
x = 1, x' = 0, x" = 0,

sensor = 0

always

if (sensor + 0.3) < x
then sensor+ = sensor + 0.3

elseif (sensor - 0.3) > x
then sensor+ = sensor - 0.3

noelse,

x"  = -10 * sensor
```

注意，我们已删除前一个模型中提供的 sensor 和 x 之间的直接耦合关系，将其替换为 if 语句。该语句比较 sensor 和 x 的值，并通过离散的步进递增或递减的 sensor 值修正那些较大的差异，使其尽可能接近 x 值。这并不是传感器通常的工作方式，但它说明使用量化建模可以进行简化。

在该模型的仿真之前，先描述 sensor 将会怎样表现。另外，根据你预期的量化对整个系统行为产生的影响予以描述；然后运行仿真，你的预期准确吗？在仿真绘出的图中，是否存在一些是你未能预料或事先未能描述的方面？

如果我们进一步审视仿真得到的图，我们会注意到在前 10 s（即 Acumen 默认仿真时间结束时）振荡的振幅显著增加。因此，这个例子说明量化对控制系统产生了不稳定的影响。在研究任何缓解振荡影响方法之前，应牢记，这仅是一个示例。这个事实对我们会有一定的帮助，但也应想到，有时量化可对系统产生稳定的作用。

现在让我们再次回到模板模型（也就是我们第一次引入变量 sensor 的那个模型），并考虑如何开展量化建模。为此，会有若干的方法，其中包括根据被采样值的改变而更新采样值，由此这可能将模型变成基于事件的。在此，我们说明基于时钟的量化，以下的模型示例说明了如何实现这一点：

```
model Main (simulator) =

initially
x = 1, x' = 0, x" = 0,

sensor = 0,
bucket = 0, bucket' = 1

always

if bucket>0.005
then bucket = 0,
     sensor = x,

noelse,

bucket' = 1,

x"  = -10 * sensor
```

这里我们有一个变量 bucket，它是一个以恒定速率填充的量。当 bucket 变量值超过 0.005 时，它被重置为零（清空），同时把 x 的值赋给 sensor 变量，从而完成对 x 值的采样。

注意，在此我们只是量化传感器的感知，没必要量化计算控制输出更新的控制方程。为了简单起见，将其建模为一个始终保持的简单方程。由于它是一个简单的线性计算，仅依赖于 sensor 变量值，因此每当 sensor 值被修正时，它也会被修正。

在模型仿真之前，记下你预期从 bucket 和 sensor 信号中将会看到什么，并描述你预期的离散化会对整个系统行为产生的影响。执行以上模型的仿真，然后记录是否达到所有的预期，以及在仿真的结果中是否出现任何未预料的特征。

如果考虑最后一个模型的仿真结果图，我们会注意到，在前 10 s 结束时，振荡的振幅显著上升，这与我们看到的量化结果大致相同。两个增益的幅度如此接近是一种巧合。关键是对于这个系统，量化和离散化都会产生不稳定的效应。

当然，我们可能对同时量化和离散化建模的效果感兴趣，可通过以下的模型实现：

```
model Main (simulator) =

initially
x = 1, x' = 0, x" = 0,
```

```
sensor = 0,
bucket = 0, bucket' = 1

always

if (bucket > 0.005)
then if ((sensor+0.3)< x)
then sensor+ = sensor+0.3

elseif ((sensor-0.3)> x)
then sensor+ = sensor - 0.3

else bucket  = 0

noelse,

bucket' = 1,

x"  = -10 * sensor
```

正如预期的那样，这两种效果结合也会导致系统不稳定性增加。

减少这些影响的自然而然的方法是提高精度和采样频率。不过，通常情况下，这与执行计算所需的计算资源成本成正比。

另一种较低成本的方法是在系统中引入阻尼。如果能这样做，尽管可能以整体系统行为积累更多延迟为代价，但阻尼能够稳定系统。

然而，引入阻尼，还有另一个重要的挑战：在我们之前看到的例子中，这需要用到速度。但所面对的情况是，我们对传感建模时，无法直接访问数据本身，更不用说数量的变化率了。

为了估计速度，就要使用两个变量 sensor_last 和 xp 对模型进行扩展。在扩展模型中，使 sensor_last 变量始终保存 sensor 变量的最新更新值。然后，利用两个传感器读数和采样的时间步长，对速度予以估算。利用估算值更新控制器，从而达到引入阻尼的效果。当寻找到一个合适的增益常数后，使系统（近似地）恢复到临界的稳定状态。

比较你的速度估算值和实际速度变量 x′。你的估算与实际速度之间始终保持差异吗？这会导致系统问题吗？是否还有更加积极的方式来改进你的速度估算的方法呢？

5.15　项目：量化和离散化

本项目活动的目标是帮助你理解如何使用估算量来提高传感器数据的品质。你的任务是使用上周开发的乒乓球选手，当你切换到一个对作动和传感信号同时包含离散化和量化效果的新模型时，观察系统行为将如何变化。在此模型下，你会发现，之前更为理想化的传感假设下所开发的控制器已不再那么好用了。你需要再开发一个改进的选手，应能够对模型中增加更多的现实感水平。为应对这一问题，可使用新的变量 estimate_ballv，克服球速离散化和量化的效应，你还需要使用离散化方式估算球速。

在此项目活动的背景环境下，反思你如何克服这个新的挑战，特别关注你对控制器的设计和选手所使用各种状态的估算方法，这将会大有脾益。

与通常一样，你可以创造性的方式随意地开发选手的所有能力。忽视任何一个方面（如量化和离散化的效应）将会使你处于不利，要想真正地出类拔萃，你需要采用整体方法开发你的选手，并确保从以往经验中学到尽可能多的东西。

顺便提一下，你在开发这个项目时，我们鼓励采用一个从高层级模型开始的方法，允许你聚焦于一些整体图像，然后逐渐转向较低层级的模型。这又一次允许你能应对较低层级的挑战。反思一下这个策略是否对你有所帮助，以及其他方法是否可更好地开展工作，或者至少同样有效。尤其是，如果从一开始你就要暴露需要应对的所有问题，这会有帮助吗？

5.16　进一步探究

- 关于实时系统和嵌入式系统的一般性介绍。
- 关于 Nyquist-Shannon 采样定理的文章。
- 《华盛顿邮报》上一篇关于美国最高法院重新修订软件专利之前的文章。
- 观看 Grace Hopper 对纳秒的巧妙解释。
- 了解以 Grace Hopper 命名的会议，并设想你能做出什么贡献。
- 观看 Edward A. Lee 在 Halmstad 座谈会系列中关于异构施动者（Actor）模型的录像。观看此录像后，你可能还想观看同步数据流的讲座。
- 关于计算机科学哲学的文章。

第 6 章　坐标变换（机器人手臂）

如果物理系统不能完美地与坐标系统匹配，我们该怎么办呢？本章深入研究物理系统建模的一个方面——最基本的旋转关节机器人建模。处理这个问题或类似问题的一个关键就是坐标变换的概念。在此，我们特别关注笛卡儿坐标到球坐标的映射，反之亦然。我们除了需要提高计算各种导数的技能之外，还需要特别注意奇点的出现。

6.1　介　绍

因为空间的三个维度相互独立，所以在笛卡儿坐标系中针对力的分析很方便。然而，使用笛卡儿方式表示机器人对于质量的作动，会比所必需的机械还需要更大的空间以及更高的成本。特别是，要制造一个机器人能到达 1 m × 1 m × 1 m 模型中所有的位置，我们需要至少 3 m 长的机械装置以及更大的移动空间。而一个可旋转、可伸展的机器人，最多需要大约 1.73 m 见方的空间，差不多是上述空间的一半大小。在具有更复杂需求的情况下，多连杆机器人在可达性和灵活性方面拥有显著的优势，因为它可以更有效地逼近点与点间的可行的最短路径。因此，具有转动关节和多连杆的机器人在实际中具有重要的应用方式。

为了设计这样的机器人，我们需要相应的数学建模分析工具。这些工具能够让我们确定连杆（和关节点）在不同时间的位置，还能帮助我们确定各个关节点所需的转速和角加速度。从笛卡儿坐标到极坐标的映射，我们需要关注一个复杂问题：当处在原点时会存在一个奇点（或者至少是不能确定的）。这是一个非常棘手的技术问题，当我们进行此类映射时，通常需要谨慎对待。

另一个需要牢记的关键复杂问题是，当从笛卡儿坐标到极坐标映射时，如速度或加速度的变化映射，不仅依赖变化本身幅值的大小，还依赖所处的绝对位置。幸运的是，使用微分方法分析可以很好地管控这一复杂问题。特别是，审慎地考量自变量和因变量，通过链式法则（chain rule），从一个坐标系到另一个坐标系，我们可以计算出变化（或导数）映射的闭合解。在此过程中，要留意关键技巧分析，在每个微分步骤结果中寻找特性曲线，并使用前面用到的单变量替换那些重复的变量。这种避免重复表达的技能，可确保推导的可管理性，并且易于实施。然而，如果我们不用这个步骤，事情就会变得错综繁琐。

6.2　坐标变换

让我们考虑以下实例，在笛卡儿坐标和极坐标中描述同一个点的表示方法。利用几何学，我们知道可通过极坐标计算二维笛卡儿表示公式：

$$x = l\cos\theta \tag{6.1}$$

$$y = l\sin\theta \tag{6.2}$$

这个映射简明直观，因为对于任何给定的极坐标值，都有唯一的笛卡儿坐标值；因此，在这个映射关系中不存在奇点。奇点是函数没有定义的点，一般来说，没有奇点的函数的应用更加容易求解。能够为所有可能的输入（在其输入类型中）给出定义的函数称为完全函数。例如：$f(x) = 2x$ 是一个完全函数。不能为某些输入（在其输入类型中）给出定义的函数称为部分函数。例如，当 $x = 0$ 时，函数 $g(x) = 1/x$ 就没有定义，因此其是一个部分函数。注意，以上的两个函数，即式（6.1）和式（6.2），我们称之为映射，我们也可将它们视为一个对数值与另一个对数值的函数。

现在我们可通过对方程两边微分计算笛卡儿坐标下的导数。在该情况下需要注意的关键问题是，我们必须广泛使用微分的链式法则，但不能完全简化它。

链式法则可用两种方式表示。如果用 f 和 g 表示函数，那么我们可以将其简写如下：

$$(f \circ g)' = (f' \circ g)g'$$

更熟悉的形式可能是

$$\frac{\mathrm{d}v}{\mathrm{d}t} = \frac{\mathrm{d}v}{\mathrm{d}u}\frac{\mathrm{d}u}{\mathrm{d}t}$$

或

$$v' = \frac{\mathrm{d}v}{\mathrm{d}u}\,u'$$

这样书写有助于让我们看到，假如我们不能直接计算 v'，而 u' 是一个有意义的量，并且我们能够显式地对 v 基于 u 求导，那么我们仍然可以给出一个有用的表达式。对于式（6.1）和式（6.2）的例子，意味着我们对表达式求导后可以得到以下结果：

$$x' = (-l\sin\theta)\theta' + l'\cos\theta$$

$$y' = (l\cos\theta)\theta' + l'\sin\theta$$

现在我们将要面对非常重要的一步，即在结果中寻找它的特征模式，并尽可能地减少表达式重复。这个过程很重要，既可帮助我们理解刚才计算的表达式的含义，也可让表达式保持简洁明了。后者尤其重要，特别是，如果我们需要对它再次进行求导，例如在这个例子中，如果我们最终想得到计算出加速度的映射。在示例中，我们注意到，有些项直接对应于 y 和 x 的定义，因此，我们可将导数的表达式简化为如下形式：

$$x' = -y\theta' + l'\cos\theta$$

$$y' = x\theta' + l'\sin\theta$$

练习 6.1 计算 x 和 y 的二阶导数的表达式。

现在我们可以开始考虑反向的转换，也就是从二维笛卡儿坐标到二维极坐标的转换。我们根据笛卡儿坐标来确定极坐标，如下所示：

$$l = \sqrt{x^2 + y^2}$$

$$\theta = \arcsin(y/l)$$

首先要关注的是，这个变换存在一个奇点。特别是指，如果 $l = 0$，那么就无法定义除法的求解结果。

其次要关注的是，与第一个转换（即从极坐标到笛卡儿坐标）不同，此转换并不是唯一的。特别是指，存在许多其他的转换，让我们能够再次映射到相同的结果（通过第一组映射转换函数）。例如：

$$l = -\sqrt{x^2 + y^2}$$

$$\theta = \arcsin(y/l) + \pi$$

或

$$l = -\sqrt{x^2 + y^2}$$

$$\theta = \arcsin(y/l) + 2\pi K$$

其中 K 是任意整数。

这些问题带来的困难是，我们必须始终遵循一个需求，即不能使得 $l = 0$。除此之外，研究如何将笛卡儿空间中的导数映射到极坐标，与在另一个映射方向（极坐标到笛卡儿坐标）所做的没有什么不同之处。

练习 6.2 计算 l 和 θ 的一阶导数和二阶导数的表达式。当我们在三维空间观察问题时，情况也是非常相似的。

本章实验的主要活动是演示如何在三维环境中掌握从笛卡儿坐标系到球面坐标系转换的推导过程（反之亦然），情形如图 6.1 所示。

研究问题所阐明的技术同样可用于将双连杆机器人（二维）的局部坐标（极坐标）转换为全局（笛卡儿）坐标。

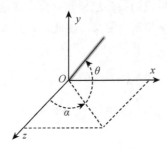

图6.1　极坐标和笛卡儿坐标之间的三维投影

6.3　本章的亮点

1. 从平移运动到旋转关节

在整个项目中，我们逐步获得以下进展：

首先，我们必须确定速度，以提供关于规划的层级；

其次，我们需要确定加速度（带反馈），以提供一个简单的作动模型；

再次，我们还要调整用于处理传感和作动具体细节的内容；

最后，我们还要策划如何构建一个真正的机器人。

这些表明了如何构建单连杆机器人，我们将特别关注二维，但三维是本项目的主题。

2. 二维中从极坐标到笛卡儿坐标

（a）基本方程：

- 利用几何学；
- 注意方程中不应存在奇点；
- 一阶导数的细节问题；
- 二阶导数。

（b）关注力和扭矩。

3. 二维中从笛卡儿坐标到极坐标

（a）基本方程：

- 仍然利用几何学；
- 关注奇点；
- $\arcsin x$ 的导数是 $\dfrac{1}{\sqrt{1-x^2}}$。

（b）超越单连杆：

- 双连杆示例；

- 利用几何学定义位置方程；
- 求逆使问题变得更加复杂；
- 计算导数。

6.4　研究问题

本研究问题的重点是练习基本的分析微分方法。

1. 假设 a、b、x、y 是因变量，随自变量 t 的变化而变化。进一步考虑以下关系：

$$a = \sqrt{x^2 + \sin(y/x)}$$

$$b = a + \frac{xy}{\sin a}$$

更进一步，假设用符号 x' 表示 dx/dt。计算出以下的值：

（a）使用 x、x'、y、y' 表示 da/dt。

（b）使用 a、a'、x、x'、y、y' 表示 db/dt。

展示你求解的中间过程，可用 $\partial a/\partial b$ 表示 a 对 b 的偏导数。

2. 考虑如图 6.2 所示的简单双连杆系统：

（a）给出依据图中的其他变量表示的 (x, y) 的公式。

（b）假设**所有**变量均随时间变化，给出 x 的一阶导数和 y 的一阶导数的方程。

（c）假设**仅有**长度变量（非角度变量）可改变，给出 x 的二阶导数和 y 的二阶导数的方程。

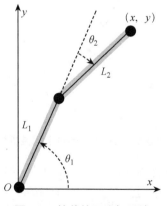

图 6.2　简单的双连杆系统

3. 考虑如图 6.3 所示的机械机构：

（a）假设第一段连杆的长度为 L，第二段连杆的长度也为 L。进一步假设第二段连杆臂末端点相对于坐标系 (x_0, y_0) 的坐标是 (x, y)。给出用 L、θ_1 和 θ_2

表示的 x 和 y 的表达式。

（b）给出用 θ_1 和 θ_2 表示的 x 导数的表达式，同样给出用 θ_1 和 θ_2 表示的 y 导数的表达式。

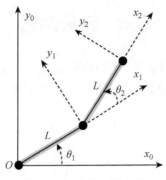

图 6.3　双连杆机械机构

4. 考虑如图 6.4 所示的三钟摆（连杆）机械机构：

（a）假设 x 轴指向右，y 轴指向上，原点位于图的底部（其实确切的位置与具体问题无关）。假设从钟摆基底开始的第一个点坐标是 (x_1, y_1)，第二个点坐标是 (x_2, y_2)，第三个点坐标是 (x_3, y_3)。给出用 θ_1、θ_2、θ_3、l 表示坐标 (x_3, y_3) 的表达式。注意：你的答案中不应包含 x_1、y_1、x_2、y_2。

（b）给出用 θ_1、θ_2、θ_3、l 表示的 y_3 的二阶导数表达式。

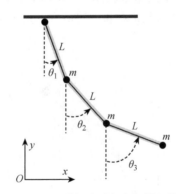

图 6.4　三钟摆（连杆）机械机构

5. 考虑如图 6.5 所示的机械机构：

正 x 轴指向**右**，正 y 轴指向上，原点 O 位于图的**左下角**。

（a）给出使用 θ_1、θ_2、l_1、l_2 表示的点 $p(x, y, \theta)$ 的 x 和 y 的表达式。

（b）设 l_3 是点 $p(x, y, \theta)$ 到原点 O 的距离，给出使用 x 和 y 表示的 α 和 l_3 的表达式。

（c）给出使用其他变量及其导数表示的 x 和 y 的二阶导数表达式。确保你的答案

是使用 θ_1、θ_2、l_1、l_2 和 / 或其导数清晰定义所求值的方程式。

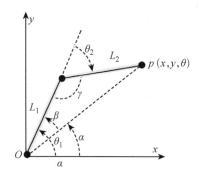

图 6.5　双连杆机械机构

6. 回到第一个作业（见 1.8 节），考虑你关于挑战的解释，包含以下内容：

（a）第一次作业是你的原始提交，将其命名为"原始提交"。这部分内容最多一页。

（b）对原始提交的第一次修订是基于你到目前掌握的内容。在这次修订中，你的目标是简单地说出你在学期开始时想表达的内容，但要使用你现在知道的概念更清楚地表达。如不要增加任何新的挑战，这次修订也是你使用本书开始时可能不熟悉那些术语的一个好的机会。这部分内容也是最多一页。

（c）在第一次修订的基础上，再做第二次修订，从你现在的认识角度解释，你认为最重要的挑战是什么。此外，此次修订应解释你将如何着手构建该机器人。这部分内容最多两页。

6.5　实验：坐标变换

本实验的目的是将本章介绍的坐标变换理论与在特定控制问题的仿真环境下的具体使用联系起来。

让我们考虑这样一种情况：一个单臂机器人在圆形轨道上移动一个球。只有两个自由度：围绕运动中心的角度和长度（手臂延伸）。这可使用以下的模型表示：

```
model Main(simulator) =
initially

// Red (r): The target ball
    theta = 0, theta' = 0,
    l = 1, l' = 0,
    x_r = 1, y_r = 0,        // This is the target

    _3D = ()
```

```
always

// Red(r): The target ball

    theta' = 1, l' = 0.5 * sin(theta),

     x_r = l * cos(theta), y_r = l * sin(theta),

    _3D = (Sphere center = (x_r , 0, y_r)
                    size = 0.1
                    color = (1, 0, 0)
                    rotation = (0 ,0 ,0)).
```

在该示例中，为了支持可视化表示，我们还将使用 _3D 机制生成动画。当我们增加的对象逐渐更多后，也应扩展这些对象的可视化表述语句。

注意，在此，我们选择并给出红色球的动力学特性，其中具有恒定的角速度 theta'，而径向速度波动 l' 使得红色球在一个几乎但又不完全的圆形轨道上运动。

该模型的仿真得以证实其行为如前所述。检查仿真得到的图，掌握所涉及的不同变量的行为。

想象一下，我们现在要为机器人手臂创建一个控制器，使其沿着这条路径运动。对于如何做到这一点，通常有很多的选择，但可以想象，我们必须创建两个独立的控制参数，一个用于控制手臂的角度，一个用于控制手臂的伸展。这就意味着角度作动仅依赖于角度值，而径向作动仅依赖于延伸量。为了简单起见，我们决定还是使用 PID 控制方式。此时控制器建模可如下所示：

```
model Main(simulator) =
initially

// Red (r):  The target ball
   theta = 0,theta' = 0,
   l = 1, l'= 0,
   x_r = 1,y_r = 0,// This is the target
// Green (g): The spherically controlled ball

   x_g  = 0, y_g = 0,
     theta_g = 0,theta_g' = 0, theta_g" =0,
   l_g = 1,  l_g' = 0, l_g" =0,

// Control gains
   k_p = 5, k_d = 1,
```

```
    _3D = ()
always

// Red(r): The target ball

    theta' = 1, 1' = 0.5 * sin(theta),

    x_r = 1 * cos(theta), y_r = 1 * sin(theta),

// Green(g): The spherically-controlled ball

    theta_g" = k_p * (theta - theta_g) - k_d * theta_g',
    l_g" = k_p * (1 - l_g) - k_d * l_g',

    x_g = l_g * cos(theta_g),
    y_g = l_g * sin(theta_g),

    _3D = (Sphere center = (x_r, 0, y_r)
                size = 0.1
                color = (1, 0, 0)
                rotation = (0,0,0),
           Sphere center = (x_g, 0, y_g)
                size = 0.1
                color = (0, 1, 0)
                rotation = (0,0,0)).
```

该模型的仿真得以证实其行为如前所述。注意，控制器的性能可通过调整增益而做出改进，但就我们的目的而言，更小的增益更易于得到两球之间的距离，并记录它们各自在哪里。

现在想象一种情景，我们的机器人升级了，新机器人是在笛卡儿坐标系而不是极坐标系中。也就是说，新机器人由两条正交的皮带组成，其中一条皮带在平台的方向上移动，另一条皮带在平台的 y 方向上移动。新机器人的计算能力也更强，可快速求解三角函数。我们现在的新任务是计算新机器人的控制器所需产生的控制信号，使它完全地像之前的控制器那样工作。换句话说，我们要把所有的信号从极坐标系转换到笛卡儿坐标系中。

利用本章介绍的方法，可将上述绿色球的信号转换为极坐标系下的信号。首先使用纸和笔来完成，然后将其映射到模型中。在模型中为其保留一定的空间，引入一个由蓝色立方体对应组成的一个新的对象，如下所示：

```
model Main(simulator) =
```

```
initially

// Red (r):  The target ball
  theta = 0, theta' = 0,
  l = 1, l' = 0,
  x_r = 1, y_r = 0,        // This is the target

// Green (g):  The spherically controlled ball

  x_g = 0, y_g = 0,
    theta_g = 0, theta_g' = 0, theta_g" = 0,
  l_g = 1,  l_g' = 0, l_g" = 0,
// Blue (b):  The Cartesian analog

  k_p = 5, k_d = 1,
  x_b = 1, x_b' = 0, x_b"  = 0,
  y_b = 0, y_b' = 0, y_b"  = 0,

  _3D = ()
always

// Red(r): The target ball

  theta' = 1, l' = 0.5 * sin(theta),

   x_r = 1 * cos(theta), y_r = 1 * sin(theta),

// Green (g):  The spherically controlled ball

  theta_g"  =  k_p * (theta - theta_g) - k_d  *  theta_g',
  l_g"  = k_p * (1 - l_g) - k_d  * l_g',

  x_g = l_g * cos(theta_g),
  y_g = l_g * sin(theta_g),

// Blue (b):  The Cartesian ball

  x_b"  = 0, // Fix me
  y_b"  = 0, // Fix me

  _3D = (Sphere center = (x_r, 0, y_r)
                size = 0.1
```

```
        color = (1, 0, 0)
        rotation = (0,0,0),
Sphere center = (x_g, 0, y_g)
        size = 0.1
        color = (0, 1, 0)
        rotation = (0,0,0),
Box    center = (x_b, 0, y_b)
        size = (0.14,0.14,0.14)
        color = (0, 0, 1)
        rotation = (0,0,0)).
```

当你计算出新的控制器信号以后，插入到注释行标有 Fix me 中为 0 的位置。你插入的公式可使用绿色球和蓝色立方体的所有变量，但不要直接参考红色球的位置。

完成上述工作以后，对模型仿真。如果你的答案是正确的，你的蓝色立方体将始终与绿色球重合。由此证明，你已经成功地将绿色球的加速度信号映射为蓝色球的等效加速度信号。

6.6　项目：乒乓球机器人的球面作动

到目前为止，在这个项目中，我们的工作是在笛卡儿空间中开展的，而不是在机器人选手组件更自然的运动空间中。为了消除此简化假设的后果，本项目活动的任务是根据前一个活动中构建的控制器计算加速度，并转换为我们正在使用的单手臂机器人的力和力矩。在本巡回赛的这一阶段使用的坐标转换的约定如图 6.6 所示。

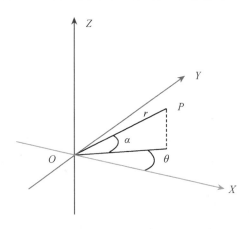

图 6.6　坐标转换

为该转换建立数学方程，创建机器人正确的作动信号。首先，改变选手模型，特别是以下方面：

```
// You need calculate the following equations according
// to correct coordinate transformation
// r" = 0              // Wrong value!!!
// Alpha" = 0          // Wrong value!!!
// theta" = 0          // Wrong value!!!
```

作为本项目活动，你需要思考如何得到正确的坐标转换。请思考，你认为从一开始忽略这些效果是有益的，还是从一开始就考虑这些效果会更好。你可以使用为巡回赛 1 和巡回赛 2 开发的已有的路径规划策略。此外，因为这是一个项目，所以你需要反思自己是如何开发选手的，以及你从这一过程中学到了什么。

6.7 进一步探究

- 关于极坐标（2D）系统和球面坐标（3D）系统的文章。
- 一个男孩获得 3D 打印假体手的视频。
- 关于多连杆机器人的视频。

第二部分

选定的主题

第 7 章　博弈论

通常，我们感兴趣的是那些能够推理其行为结果并采取行动而确保结果的效用最大化的系统。博弈论使我们可以预测这些系统将如何表现。本章首先介绍博弈论的基本概念，如自主选择、效用、理性和智能等。这些概念为我们提供了一个严格识别条件的框架，在这些条件下，玩家有动机按照独立、协同或竞争的方式行事。与这些条件相匹配，博弈论为我们在这些情况下提供预测玩家行为的分析工具，即严格优势策略（或劣势策略）、纳什均衡、混合策略及混合策略纳什均衡。

7.1　博弈论在赛博物理系统设计中的作用

随着赛博物理系统创新步伐不断加快，参与交互系统的数量也在不断增加，其中至少存在着两个因素促发了这一趋势。首先，随着设备和系统被赋予更强的计算能力，其功能不断增加。更多的计算意味着更多的决策。除非我们将更多的控制权下放给这些设备，即意味着赋予设备具有更多的自主权，否则我们可能无法应对做出这些决策所需的所有信息。其次，由于设备联网为性能控制和优化提供了更多的机会，设备联网在增加，因此系统之间的交互也在增加。

预测自主系统交互的行为颇具挑战性，而增加这种系统的数量使情况更具挑战性。博弈论作为一门学科，所提供的重要分析和计算方法，可帮助我们研究这些系统并预测其行为。

7.2　博弈、玩家、策略、效用和独立的最大化

出于本章研究的目的，本章中的博弈由两名玩家组成，可供双方选择的策略（或玩法）均十分有限。博弈还包含两个效用函数（每个玩家各有一个），针对每个结果分配一个效用值，其中结果由两个玩家的组合选择所决定。我们假设对每个玩家可能的效用是有序的，也就是说，直观感受总是一个效用大于（或 ≥）另一个效用。然后，我们进一步假设两个玩家都是理性的，因为他们都试图选择收益最大化的策略（玩法），而收益最大化是由两个玩家的组合策略（玩法）的效用决定的。

挑战在于，每个玩家可选择自己的玩法，但无法控制其他玩家的玩法。因此，我们可以看到，在其他玩家的选择能够影响最终效用的情况下，每个玩家都试图独立地最大化自己的效用。我们进一步假设玩家均是聪明的，他们知道其他玩家的效用，并且假设在他们理性的前提下，能够推断出他们所预期的行为。

依据给定的博弈的定义，博弈的普遍问题是玩家会选择什么策略？

7.3 理性、独立性和严格优势策略（或劣势策略）

因为效用函数具有捕获玩家试图最大化的特质，所以同时也会引发玩家以某种行动方式的动机模式。事实上，当玩家严格地寻找最大化其效用选择时，我们可视效用会驱使他们以某种方式行动。这并不是说，现实世界中的所有系统都是为了最大化某一特定效用而运行的。相反地，在我们合理确定玩家想要最大化的效用的情况下，效用函数可有效地使用这种方式分析他们的选择。

本章的其余部分，我们将考虑由效用引发的三种动机模式。对于每种模式，我们还将介绍一个强大的分析工具，用于预测博弈中玩家的行为，此行为体现了该模式。我们从最简单的开始，以我们的方式再推进到更具挑战性的模式。

7.3.1 独立模式

最基本的效用模式是独立的，即一个玩家选择某一策略的效用高于其他策略，且独立于其他玩家的选择。更具体地说，考虑一个两人博弈，每个玩家可在 A 和 B 两种策略中做出选择。两个玩家都很饿，要么（A）什么都不做，要么（B）去商店买午餐。如果我们假设两个玩家的行动是独立的，那么我们有理由相信，无论另一个玩家做出什么选择，每个玩家选择（B）的效用都高于（A）。我们称这样的效用模式为独立模式。

我们可对博弈提出的一个最基本的问题是："如果玩家的行为是理性的，他们会怎么做？"在此，我们可将理性玩家定义为选择对其具有最大化效用策略的人。在午餐的例子中，两名玩家行动的独立性让我们很容易看到选择（B）对双方来说是合理的。但对于那些玩家并非独立的博弈，我们该如何回答这个问题呢？事实上，这样的案例才是博弈论的主要焦点所在。

为了分析这样的博弈，通常使用表格来表示组合效用更方便。列代表第一个玩家的选择，行代表第二个玩家的选择。每个单元格中，有两个值，分别代表第一个和第二个玩家的效用。为了表示效用模式，我们用负号 "−" 表示较低效用，用正号 "+" 表示较高效用。午餐的例子可以表示如下：

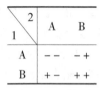

第一个玩家选择吃午餐（B）而第二个玩家选择什么都不做（A）时，在（B）行（A）列的单元格中，效用对 $u_1 u_2$ 为 "+ −"，其分别表示第一个玩家是正效用和第二个玩家是负效用。暂时忽略我们已知问题的答案，让我们考虑如何系统地使用这个表来确定每个玩家的理性偏好。这样做的方法是从两个玩家各自的角度分析表格，完全忽

略另一个玩家的效用（并非他们的选择）。我们可通过两张表来可视化这个分析：一个源自第一个玩家的视角，表示如下：

2 / 1	A	B
A	− *	− *
B	+ *	+ *

另一个源自第二个玩家的视角，表示如下：

2 / 1	A	B
A	* −	* +
B	* −	* +

这两种情况下，我们用星号"*"简单地替换正负号，表示我们忽略了该效用对另一个玩家的效用。隐藏其他玩家的（不相关的）效用，会使结论清楚，即对每个玩家而言策略 B 总是正向的。

这个练习要说明的是，我们只需知道，对于其他玩家可能做出的所有选择，我们总有一个选择会比其他的效用更高。事实上，这意味着，对于第一个玩家来说，选择（B）的理由仅仅是基于在同一列上效用之间的对比。在表格中，向下带来效用的提高，使得（B）总是第一个玩家更好的选择。类似地，对于第二个玩家，选择（B）的理由仅仅是基于在同一行上效用之间的对比。在表格中向右带来效用的提高，使得（B）总是第二个玩家更好的选择。

当一个选项与另一个选项有这种关系时，就像以上选项 B 和选项 A 的情况一样，我们说前一个选项严格优势于后一个选项。严格优势是博弈论中的一个重要概念，因其有效地捕捉到了一种推理模式，理性系统可正确地使用这种模式决定排除某些选择，而选择那些总是能有效地更具最大化效用策略的选项。

因为两个玩家的理性选择都是（B），所以这个博弈的求解结果就是策略（BB），即假设玩家都是理性的，策略解分别表示双方玩家的选择。

当我们深入到独立模式更复杂的例子时，使用者会发现，牢记两个关键的观察将大有裨益。第一个通过以上的后面两个表格进行表示：从每个玩家的角度，解读效用表的正确方法是，当看到效用表中这个玩家的效用时忽略其他玩家的效用。

第二个观察更为微妙，需要从以上的分析中辨别出一个比独立模式更深的模式。特别是，在决定（B）优势于（A）时，我们不需要知道所有的低效用是一样得低，还是所有的高效用都一样高。以下几个例子可帮助我们理解这一观察的重要性。

例 7.1 "基本"午餐：再回到午餐的例子，我们可以想象，玩家的效用代表他们获得一顿午餐的需要，我们用数字 1 表示一顿午餐的价值。在这种情况下，独立模式通过以下具体的博弈得以实例化：

2 1	A	B
A	00	01
B	10	11

此时解仍然是（BB），注意，原表上的"+"或"−"是各玩家对该选择效用估值，我们假设不受另一个玩家选择的影响而改变。

例 7.2 "非对称"午餐：独立模式情况下我们确定（BB）解的方法，也适用于其他可能不是特别明确的情况。例如，当一名玩家的午餐效用大于另一名玩家时，这一规则也同样适用。这种情况可以表示如下：

2 1	A	B
A	00	02
B	10	12

往下的方向，第一个玩家的效用总是增加；向右的方向，第二个玩家的效用总是增加。因此，（BB）仍然是该博弈的解。

例 7.3 "分摊"午餐：前面的例子似乎表明，独立模式只适用于两个玩家效用独立的情况，即意味着它只适用于两个玩家之间很少或没有真正的交互情况。但事实并非如此，在玩家之间实际上存在交互博弈，这种简单的分析十分有用。所考虑的这个案例作为此情况的第一个例子：两个玩家同去一家超市，购买同一种午餐，且午餐仅够一个人的量。为避免效用中使用分数，我们现在约定：将获得一顿午餐的效用值计为 2，将得到半顿午餐的效用值计为 1。在此约定下，我们可通过下表信息表示该情况：

2 1	A	B
A	00	02
B	20	11

以上的分析是否还适用于本例呢？当你发现答案是肯定的时候，你可能会有点惊讶。看待为什么分析仍然适用的一个方法是，表格向下方向，第一个玩家的效用仍增加；表格向右方向，第二个玩家的效用增加。为了更容易理解这种情况，我们将把表格拆分成两个，每一个代表一个玩家的视角。

第一个玩家将会看到的是：

2 1	A	B
A	0*	0*
B	2*	1*

第二个玩家将会看到的是：

2 1	A	B
A	*0	*2
B	*0	*1

所以，解还是（BB）。如果在分享午餐时存在浪费，产出结果（BB）不会改变，以上这些表中的值"2"会被另一个更高的值所替代。

例 7.4 "小型竞拍"午餐：想象这样一种场景，两个玩家都只有 1 美分，当只有一个人去买午餐时，午餐竞拍付款要求低，以 1 美分获得效用为 5 的大餐。但两个玩家同时去的时候，午餐竞拍付款要求高，并且以效用 1 提供普通午餐。在本例中，我们得到的表是这样的：

2 1	A	B
A	00	05
B	50	11

即使"独自午餐"的选项具有显著的更高效用，看到（BB）还是该博弈的解，这可能会让我们对优势策略产生怀疑；甚至会让我们质疑，分析博弈确定其限制因素如何影响玩家选择的方式。这个质疑很"正常"，因为它让我们开始为下一个例子做准备，下一个例子将独立模式推至极限。

例 7.5 "小型竞拍与冰箱"午餐：再来想象一种稍微不同的情况，两个玩家的冰箱里都有现成的午餐，只有他们都选择待在家里才能准备好。再进一步想象一下，冰箱的午餐十分美味，以至于玩家给出的效用为 4。但竞拍午餐，即如果其中一个玩家单独去，其效用将是 5，仍略好一些。以下的效用表格表明了这一情况：

2 1	A	B
A	44	05
B	50	11

这种情况仍然满足独立模式，对每个玩家来说，选择（B）仍然优势于选择（A），并且独立于其他玩家的选择。因此，此博弈的解理性选择是（BB）。这是一个奇特的产出结果，因为双方选择（AA）的效用高于双方选择（BB）。那么，双方的理性选择如何让他们选择（BB）呢？

要了解为什么这种向下 / 向右的模式，实际迫使任何两个理性的玩家选择（B），就需要考虑，如果他们做出其他选择会发生什么。第一个玩家在独立做出选择时，仅能从两个选项中选择一个。从第一个玩家的角度来看，选择（A）意味着如果其他玩家留在家中，他或她可吃到一顿美味的午餐；但如果其他玩家外出，他或她可能吃不到午餐。相比之下，选择（B）意味着：如果另一个玩家待在家里，他们会吃到最好的午餐；如果另一个玩家出去，他们会吃到还算过得去的午餐。因此，无论其他玩家做什么选择，选择（B）都会改善第一个玩家的午餐。

这个例子与博弈论中的经典例子"囚徒困境"具有相同的特征。关于这个博弈的更多背景可在文章《囚徒困境》[①]中找到。

7.3.2 缺乏交流和信任的代价不可估量

为了使我们确信上述分析的合理性，重要的是我们必须意识到每个玩家必须独立地做出自己的决定。这并不意味着这是任何两个人在该情况下应该做出的，而是明确我们所研究博弈正式概念如何运作。我们曾说，我们所研究的博弈中每个玩家都试图达到最大化的效用，对于特定的博弈，通过表格来体现效用。我们并未提及玩家交流或相互信任的能力；因此，我们必须排除玩家协调的可能性，因为交流和信任的能力都是强力的假设，如果不改变最初的问题表达，我们就无法做出这些假设。事实上，从这个例子中我们可以得到一个深刻的教训，那就是缺乏交流和 / 或信任的代价是无限的：在例子中，只要第一个值小于第二个值，我们就可以用任何一对任意大的值替换 4 和 5，理性和自我利益就会迫使双方选择（B）。缺乏交流和信任对每个相关玩家来说都是高昂的代价。

7.4 协作、智力和纳什均衡

在 7.3 节中，我们观察了独立模式，其中效用具有以下形式：

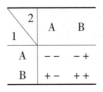

我们还看到了如何使用严格优势来决定博弈中两个玩家的理性行为（BB）。同时，我们也看到（BB）可能并不是双方玩家可能获得的最高回报，但这是他们能够独立确保的最高回报。

严格优势的强大之处在于，它有助于将可能的理性策略对（strategy pairs）的集合缩至更小的集合。然而，并不总是能够找到严格优势策略，或者更具体地说，排除那些严格劣势策略。因此，考虑如何解释那些没有严格劣势策略且有不止一种可能的理性产出结果的博弈将大有益处。

---

① http://en.wikipedia.org/wiki/Prisoner%27s_dilemma。

7.4.1 协作模式

考虑一个涉及两个玩家的博弈，每个玩家可在两种策略中选择：去看电影（A）或去看戏剧（B）。两个玩家都仅是关注两个人在一起，我们称之为协作模式。用下表来表示这种模式：

	A	B
A	+ +	− −
B	− −	+ +

显然，在这种情况下并不存在严格优势的策略：对于每个玩家来说，当且仅当其他玩家选择（A）时，策略（A）就更好；对于策略（B），也是如此。我们有两种双赢选择的情形：（AA）和（BB），但无论实现其中哪一种选择，都强烈依赖于协作。

当我们考虑之前的"小型竞拍与冰箱"午餐的例子时，我们注意到需要交流和相互信任才能达到比优势策略更好的产出结果。在此例中，根本没有所谓的优势策略。缺乏优势策略可视为对总是单方面选择一种策略而不是另一种策略的做法缺少奖励。在这种情况下，交流是关键，而信任不再是必要的，因为效用使双方玩家处于这样的情况之下：

（a）只有如实地交流他们的意图，才符合他们的利益；

（b）一旦他们分享了他们的意图，必将促使另一个玩家仅以对双方都最优的方式做出行动。

7.4.2 纳什均衡

应注意，此类推理需将每个玩家知晓其他玩家的效用和决策过程当作前提予以考虑。从这个意义上讲，它反映了玩家方面所具有的智力。约翰·纳什（John Nash）观察到，当我们不仅考虑每个玩家的理性，而且还考虑他们对其他玩家决策过程的推理能力时，我们可更精确地预测博弈所产出的结果。将约翰·纳什的名字冠于"纳什均衡"术语中，表明其观察得以认可。"纳什均衡"指的是一组"玩法"（策略组合），其中没有哪个玩家具有单方面开始的动机。在以上例子中，集合 {(AA), (BB)} 是这个博弈的纳什均衡。此博弈激励两个玩家仅在处于其中的一种玩法。当他们成为其中之一，他们仅会有意愿与其他玩家协作而转向另一个策略。

7.4.3 确定纳什均衡

博弈模式中纳什均衡就是所有效用为"+ +"的策略组合的集合，还需再附加一个条件。这个额外的条件就是，每个玩家仅应有一个"+"选项，是其所有策略中最大的效用。"午餐"模式和"协作"模式都是如此。因此，在独立模式中，纳什均衡就是集合 {（BB）}。

例7.6 一个非对称的四种策略的博弈：为检查我们对计算纳什均衡集合方法的理解，我们将考虑一个拥有四种策略且非对称效用的博弈：

1＼2	A	B	C	D
A	71	24	48	64
B	13	37	56	62
C	32	44	75	83
D	97	28	19	53

当我们标记出第一个玩家在每个选择中的最高效用时，我们将得到以下结果：

1＼2	A	B	C	D
A	71	24	48	64
B	13	37	56	62
C	32	+4	+5	+3
D	+7	28	19	53

当我们标记出第二个玩家在每个选择中的最高效用时，我们将得到以下结果：

1＼2	A	B	C	D
A	71	24	4+	64
B	13	3+	56	62
C	32	44	7+	83
D	97	28	1+	53

将所有标记合并到同一个表格中，我们又会得到以下结果（其中效用标记为"＋＋"的单元格就会形成纳什均衡集）：

1＼2	A	B	C	D
A	71	24	4+	64
B	13	3+	56	62
C	32	+4	++	+3
D	+7	28	1+	53

如该表所列，纳什均衡集是{（CC）}。因此，如果两个玩家都能理性地推理，将其他玩家的效用作为选项一同来考虑，那么第一个玩家会选择（C），第二个玩家也会选择（C）。因为考虑到双方不同选择的效用，这是每个玩家都可独立做出的选择，并确保其获得最大可能回报。

7.4.4　删除严格劣势策略而保留纳什均衡

对于存在大量可能策略的博弈，删去其中那些理性玩家永远不会选择的策略大有益处。严格优势为我们提供了正确的工具，因为任何严格劣势策略都可以这种方式安全地消除。更重要的是，删除一种玩法的选择可帮助其他玩家揭示出其他的劣势策略，因其自己也很聪明，可以确定第一个玩家永远不会采取这个策略。

这个技术将增加纳什均衡这一概念的效能，即消除严格劣势选择，并不会消除博弈中纳什均衡的任何元素。

练习 7.1　在最后一个例子中删除严格劣势的策略。重复这个过程，直到不再存在严格劣势的策略，再给出删减后的博弈表。做出这样的删减后就能确定博弈的纳什均衡。

7.5　竞争、私密和混合策略

到目前为止，我们已看到一个可单独使用严格优势决定两个理性玩家行为（独立模式）的示例，以及另一个不能应用严格优势（协作模式）的示例。在后一种（协作模式）情况下，我们能够使用纳什均衡的思想来确定两个玩家同时具有动机选择的玩法集合（策略对）。然而在有些博弈中，纳什均衡没有任何元素，下表是此类博弈模式的示例：

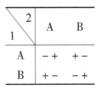

我们将其称为竞争模式。在这种模式中，没有双赢的玩法。事实上，每一种玩法都是赢 – 输。在该模式的具体实例中，如果每个单元格中所有负号和所有正号在数量上始终相等而符号相反，那么这就是所谓的零和博弈。

7.5.1　混合策略博弈

协作模式激励博弈参与双方开诚布公地交流，而竞争模式则激励他们尽可能保守自己的决定。事实上，这种效用模式可能让每个玩家都有误导其他玩家的各种动机。

在这种情况下，理性玩家又该如何做出行动呢？

如果只观察一轮博弈的情况，我们能做的判断非常有限。事实上，我们所能做的就是建议双方努力保守他们策略的秘密。但通常情况下，除了面对保守秘密难度大之外，如果多次重复博弈，情况就会变得更困难了。因为玩家通过简单地观察对方，即可推断对方的决策过程。如果一方能成功地做到这一点，他们就可确保得到期望的效用，而另一方则只能面对非期望的效用。

这种情况引发了混合策略的思路，这与我们迄今为止所讨论的纯策略的问题形成了鲜明对比。纯策略玩法就是简单地从可能策略中选择其中之一。混合策略玩法则要选择一个概率分布，利用它从所有可用策略中选择。只要我们能够做出随机选择，便能够有效缓解被其他玩家完胜的风险，而有效做到这一点的关键是选择正确的（概率）分布。

7.5.2　选择一个混合策略（或混合策略纳什均衡）

在选择随机分布时，每个玩家的目标实际上是必须减少其他玩家选择特定策略的动机。为此，我们（以及每个玩家）必须分析其他玩家的预期回报。当考虑一个具体的例子时，我们将能够更详细地阐述这一概念。

需要特别注意的是，我们不能在博弈模式层级上选择混合策略，而必须针对具体的博弈来进行选择。这不同于严格优势和纯策略纳什均衡，它们均可在模式层级上做出选择。其原因是，在每一个具体情况下，预期回报对于效用具体值十分敏感。

例 7.7　宿敌对抗：考虑以下竞争模式的具体实例：

1 \ 2	A	B
A	1 6	5 5
B	2 7	3 8

如果玩家 1 决定采取混合策略，他（她）必须选择一个分布，此分布是（A）和（B）之间选择的概率，分布由两个概率 p_{1A} 和 p_{1B} 表示，这些概率值必须在 0 和 1 之间，它们之和也必须为 1。这两个概率分别表示从长期来看玩家 1 分别选择 A 和选择 B 的相对频率。

现在我们需要关注玩家 1 每次博弈（选择策略）时玩家 2 的回报。如果玩家 1 选择 A，那么玩家 2 则会选择 A，使其获得的结果最大化（效用值 6）。如果玩家 1 选择 B，那么玩家 2 会选择 B（效用值 8）。玩家 1 通过选择概率分布能做到的是平衡玩家 2 的预期回报，使玩家 2 选择（A）策略或选择（B）策略的效用是相同的。每一种情形（玩法）下，玩家 2 对每个选项的期望值是使用效用值与概率乘积后求和计算得来的。玩家 2 选择（A），期望值为

$$E(2A) = 6p_{1A} + 7p_{1B}$$

玩家 2 选择（B），期望值是

$$E(2B) = 5p_{1A} + 8p_{1B}$$

如果我们想让这两个期望值相等，那么我们要解方程 $E(2A) = E(2B)$，或者将上述两个方程的右边代入，然后可得到

$$6p_{1A} + 7p_{1B} = 5p_{1A} + 8p_{1B}$$

这是一个含两个未知数的方程，意味着我们在求解时还需要另一个方程，这个方程就是 $p_{1A} + p_{1B} = 1$。由此我们可确定 $p_{1B} = 1 - p_{1A}$，替换以上方程中的 p_{1B} 后，方程中则仅有 p_{1A}，这样便可得到以下方程：

$$6p_{1A} + 7(1 - p_{1A}) = 5p_{1A} + 8(1 - p_{1A})$$

简化后我们得到

$$7 - p_{1A} = 8 - 3p_{1A}$$

由此我们可以确定：$2p_{1A} = 1$ 或 $p_{1A} = 0.5$，因此 $p_{1B} = 0.5$。在这个例子中，平均分配了两个选择的概率，而多数情况并非总是如此。事实上，即使在这个博弈中，玩家 2 的最优策略也不是均分。但首先，为了审视我们的答案，我们需要证实得到的概率值确保玩家 2 的期望回报在两种选择中是相同的。只要把两个值代入以上的方程即可：

$$E(2A) = 6p_{1A} + 7p_{1B} = 6 \times 0.5 + 7 \times 0.5 = 3 + 3.5 = 6.5$$

$$E(2B) = 5p_{1A} + 8p_{1B} = 5 \times 0.5 + 8 \times 0.5 = 2.5 + 4 = 6.5$$

所以，我们的计算是正确的。如果玩家 2 知晓（或看到）玩家 1 会根据这个分布做出选择，就没有在两种策略中先做出选择的动机。

玩家 2 仍有动机证明玩家 1 不因选择其中一种策略不选另一种而受益。为此，他或她将基于随机分布做出选择，并确定类似于玩家 1 使用的两个概率 p_{2A} 和 p_{2B}。要确定概率，玩家 2 分析玩家 1 的预期回报如下：

当玩家 1 选择（A）时，回报为

$$E(1A) = p_{2A} + 5p_{2B}$$

玩家 1 选择（B）时，回报为

$$E(1B) = 2p_{2A} + 3p_{2B}$$

使两个期望回报相等，得到

$$p_{2A} + 5p_{2B} = 2p_{2A} + 3p_{2B}$$

用 $p_{2B} = 1 - p_{2A}$ 替换后，可得到

$$p_{2A} + 5(1 - p_{2A}) = 2p_{2A} + 3(1 - p_{2A})$$

简化后为 $5 - 4p_{2A} = 3 - p_{2A}$，得到 $2 = 3p_{2A}$。这意味着：$p_{2A} = 2/3$，$p_{2B} = 1/3$。

在这种情况下，概率分配不均的情况，可解释如下：如果玩家 2 在（A）和（B）之间选择概率是均等的，玩家 1 最终会注意到并开始更多选择（A），因为平均下来，选择（A）比选择（B）能带来更高的回报。在玩家 2 选择（A）或（B）概率均等的情况下，玩家 1 选择（A）的预期回报为 $1 \times 0.5 + 5 \times 0.5 = 3$，高于选择（B）；因为

选择（B）的预期回报是 $2 \times 0.5 + 3 \times 0.5 = 2.5$。尽管这看起来相差不大，但如果玩家 1 注意到后，他或她就会开始坚决选择（A）策略来最大化其预期回报。相反，如果玩家 1 的动机是最大化其预期收益，同时最小化其他玩家预测下一次博弈的机会，采用我们计算的玩家 2 的选择概率，使玩家 1 的回报分别为 $1 \times 2/3 + 5 \times 1/3 = 7/3$ 和 $2 \times 2/3 + 3 \times 1/3 = 7/3$。

分布（p_{1A}, p_{1B}）和（p_{2A}, p_{2B}）共同构成该博弈的混合策略纳什均衡。

7.6　本章的亮点

1. 博弈论与赛博物理系统
（a）趋势：
- 网络连接增加；
- 自动化程度提高；
- 结果：更多的交互。

（b）博弈论为我们提供了以下工具：
- 关于自我利益以及他人认知的模型；
- 预测和鼓励某些结果。

（c）一个博弈包含：
- 玩家（2 名）；
- 选择 / 策略（2 个）；
- 效用（至少是有序的）；
- 做什么选择可以使得每个人自身效用最大化。

（d）效用模式引导我们使用不同的分析工具。

2. 独立模式和优势
（a）基本模式表（基本示例：外出吃午饭）。
（b）如何从每个玩家的视角解读效用表？
（c）如何确定哪一个是最佳决策？
- 严格优势策略的概念；
- 每个人都能独立做出决策。

（d）警告：模式并不像看起来那么简单！

3. 协作模式与均衡
基本模式（示例：外出）：
- 非优势；
- 协作需要；
- 有价值的交流；
- 注意它们通常是子模式。

4. 竞争模式和混合策略

（a）基本模式（示例：两家商店提供午餐）；

（b）非优势；

（c）非简单均衡；

（d）信息不共享；

（e）必须是混合的；

（f）效用具体值变得十分重要！

7.7　研究问题

计算下表的具体博弈混合策略纳什均衡：

1＼2	A	B
A	16	75
B	77	38

确保包括 4 个概率，并检查你的答案使其他玩家预期收益保持相等。

7.8　进一步探究

- 博弈论 101 中有关本章（及更多内容）主题的视频。
- 来自暑期学校关于 CPS 设计博弈和合约的视频讲座。
- 《哈佛商业评论》上一篇文章——《竞争何时才能有利？》。
- 《纽约时报》的文章《人类物种之谜》中提及的合作。
- 基于智能体的系统、基于智能体的建模和仿真、协作博弈的相关主题。
- 关于支持智能体的施动者更抽象概念的背景知识。
- Sycara 对什么是多智能体系统（MAS）的观点。
- 《商业内幕》在 2013 年发表了一篇关于谷歌收购 Boston Dynamics 的文章，以及 CCN 在 2017 年发表的一篇关于之后 Soft Bank 收购的文章。
- Lavalle 关于博弈论和运动规划的论文。

第8章 通 信

在这个被手机和基于互联网服务包围的时代，通信几乎成为我们生活中各个方面的核心组成部分。与此同时，通信本身是一个丰富且涉及多个方面的概念。例如，我们可以考虑为什么或者如何通信沟通。我们在博弈论那一章中触及到第一个问题，而在本章中，我们转向关注第二个问题，特别是，关于什么是构成通信的基本的关注点，远距离通信的强约束又是什么，这些约束是如何产生的，以及我们如何针对其效应进行建模。

8.1 通信、确定性、不确定性和信念

首先我们以一种尽可能独立于当前技术细节的方式来定义某些基本的概念。这样做有两个原因：一是澄清本章所使用的术语，避免产生错误理解的可能，对于在此讨论的所有概念都有其他的解释，而全面审视这些解释又超出了本书的范围；二是确定一些概念，我们期望这些概念相比当下快速变化技术显得更加简单直观，也许持续的时间更长，能兼容不同技术学科融合过程。

通信在于分享信息。一个国家的领导人的演讲与感兴趣的民众分享信息，民众可能亲临现场，也可能通过现代通信设备收看这场演讲。存储本书数字拷贝的服务器与智能手机或数字设备也在分享信息，数字拷贝通过互联网下载到手机或数字设备中。

通信涉及分享的直接、易懂，也包括信息是公众所感兴趣的。信息是个抽象概念，与得到的确定性相关，而确定性又涉及可信的或绝对的信念。例如，考虑一个从布尔值集合 {True, False} 中抽取的一个值。如果我们对该值并不确定，那么除它的可能值（可被视为它的"类型"）之外，我们对其不持有任何的信念。当我们对这个值确定时，要么相信其为 True（真），要么相信其为 False（假）。这就是基于集合的不确定性的概念，如图 8.1 所示。

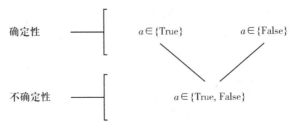

图 8.1 基于集合的不确定性的布尔量

这是不确定性的概念。反过来，信息的概念，通常由基于集合和区间分析方法来处理，无论是应用于数值计算还是程序。

还有其他不确定性的概念。例如，在保持绝对信念不可能或不合理的情况下，我们可以将概率与不同的值相关联。例如，我们可能认为值为 True 的概率是 0.95。这是基于分布的、概率的或随机的不确定性的概念（见图 8.2）。一般在信息和编码理论以及概率和统计方法中我们将会看到这个概念。

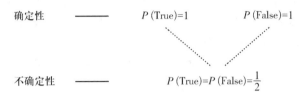

图 8.2　布尔量的概率不确定性

对于赛博物理系统，我们需要考虑这两个概念，因为我们经常不仅对随机的确定性感兴趣，如在通信理论中就很典型，而且对必然的确定性也感兴趣。

8.2　消息：从信息到表示

信息是一个以代理的信念为中心的概念。而消息与信息不同，消息是用来表示和实现信息传输的数据（字符串）。例如，消息"汤姆和杰瑞在此"，将给那些还不知道他们（汤姆和杰瑞）在这里的人传递了信息，而没有给那些已相信他们（汤姆和杰瑞）在这里的人传递任何信息。因此，一条消息是否携带信息在很大程度上取决于接收者，特别是接收者的先验信念。表 8.1 阐明了这一点。

表 8.1　信息表示

消　息	之前的信念	之后的信念	信　息
汤姆和杰瑞在此	ϕ	汤姆和杰瑞在此	汤姆和杰瑞在此
汤姆和杰瑞在此	汤姆和杰瑞在此	汤姆和杰瑞在此	ϕ
他们在此	他们是汤姆和杰瑞	他们是汤姆和杰瑞；汤姆和杰瑞在此	汤姆和杰瑞在此
他们在此	他们是汤姆和杰瑞；汤姆和杰瑞在此	他们是汤姆和杰瑞；汤姆和杰瑞在此	ϕ

表 8.1 还说明了如何正确传输，以及消息内容与消息所携带的信息之间的不同。消息"他们在此"所携带的信息，对于如果知道这一背景的第一个接收者而言，也是

相同的，但传输的原始数据（字母序列）明显不同。

分别针对每个不确定性概念，以下的两个练习提供了多个例子说明消息与消息所携带的信息之间的区别。

练习 8.1 考虑一个代理，它相信 $x + y = z$，其中"+"表示实数相加，$x \in \{1..2\}$，即 x 在 1 ~ 2（包含 1 和 2）之间的所有实数的集合中。

（1）如果它接收到一条消息 $y \in \{3..4\}$，那么关于 z，它应相信什么？

（2）如果它接收到一条消息 $z \in \{3..4\}$，那么关于 x，它应相信什么？

练习 8.2 考虑一个代理，它相信 $(x \land y) = z$，其中"$\land$"表示布尔和（AND，也称逻辑合取）运算，x 为 True 的概率是 0.5。

（1）如果它接收到消息表明，对于 y 具有的概率相同，那么关于 z，它应该相信什么？

（2）如果它接收到消息表明，对于 z 具有的概率相同，那么关于 x，它应该相信什么？

8.3 信念、知识和真相

知识是为真的信念。这与我们对这些概念的直觉理解是一致的：在日常生活中，如果说"2019 年 1 月 1 日地球是完全粉色"，这当然是错误的信念，我们不会使用术语"知识"来表述它。相反，我们会将其描述为一种错误概念（misconception），或简单说，是错误的信念。类似地，如果 Jane 相信 1 + 1 = 2 这个命题时，我们会说她有了这个知识，因为 1 + 1 = 2 是一个真命题。我们也可能说，Jane 相信变量 x 的值是 17。当我们这么说的时候，我们对她的信念是否正确并无定论。相反，当我们说 Jane 知道 x 的值是 17 时，我们同时也断言她的信念是正确的。因此，即使在日常语言中，我们也将知识视为信念和真相的交集（见图 8.3）。

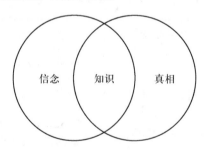

图 8.3 知识是信念与真相的交集

这样地区分它们之所以重要，有两个原因。首先，它们通常可指导我们对解决问题的不同方法予以对比。考虑以下练习：

练习 8.3 某根绳子的长度 x 正好是 3.14 m。

（1）智能手机上一个基于摄像头的应用，估测绳长是 3.15，我们能说手机具有关于此装置的信念或知识吗？

（2）如果手机估测绳子的长度值在 {3..4} 区间呢？

本练习说明测量中对误差的认知和跟踪，对于基于测量的计算的有效性具有重大的影响。现在考虑以下的情况。

练习 8.4　舰船位于的海拔高度（距离海平面的距离）x 随时间 t 变化的方程为 $x(t) = \sin t$。一架试图降落在该舰船上的飞机上的一个装置，可测量舰船的海拔高度。对以下每一种情况，解释飞机是否具有信念和 / 或知识：

（1）装置提供完美连续的测量值 y，其中 $y(t) = x(t)$。

（2）装置提供延迟连续的测量值 $y(t) = \sin(t - d)$，其中延迟量 d 为正值，是固定的值，但未知。

（3）装置提供延迟连续的测量值 $y(t) = \sin(t - d)$ 和延迟值 d。

（4）装置提供延迟连续的测量值 $y(t) = \sin(t - d)$ 和延迟常数 d 值，飞机已知被测量值是个周期性的信号。

（5）装置提供两个离散的测量值 $y_1 = \sin(t_1 - d)$，$y_2 = \sin(t_1 + 1 - d)$，延迟常数 d 值，测量时间 $t_1 + 1$，飞机已知被测量的值是个周期性的信号。

这个示例不仅说明跟踪测量误差的价值，而且说明跟踪测量过程中可能产生的其他影响的价值，例如延迟以及对被测量信号特质的理解。

更广泛的涵义

上述信念、知识和真相的区别，有助于我们理解在赛博物理系统中正确的通信的构成。这些区别之所以至关重要，主要有两个原因。

首先，由于真相通常不会受我们分享或不分享信息的影响，信息主要是在影响信念，并且仅在信念与真相的重叠范围的变化中影响知识。因此，信息与信念有关，但不一定与知识有关。逻辑及其规则通常基于这样的断言：真相必须是一致的，没有矛盾的。信念就不一样了，我们通常努力确保信念的一致性，但这种努力很可能会失效。

其次，尽管数据处理系统的开发带有某种特定的意图，但计算本身通常不能察觉到这种意图。今天，在所谓的智能合约（即自动执行的数字合约）的背景下，我们经常触及这样的二分法。在编写合约时我们的意图是基于我们的信念，但智能合约必须正确运行很长一段时间。即使我们认为这些工具"仅"影响金钱（金钱当然对人们的生活具有巨大的影响），但随着越来越多的服务（如亚马逊、优步或其他广泛的服务）在网上接受订单执行现实世界的功能，这些系统的意外行为可能会对我们的生活在非常大的范围内产生巨大的不良影响。

正是由于这些原因，对自动化系统所传递和操作的信息，使其保持对真实世界的含义以及真实世界的准确性的认知就非常重要，不容低估。作为创新者，我们对所开发的程序、控制器和赛博物理系统负有重大责任，即使不是法律或社会责任，也是道德伦理的责任。

8.4　载波信号、介质和链路

现在让我们把注意力从信息转到共享。尤其是，让我们考虑如何进行共享以及这一过程的特点。对于发生在现实世界中的传输，消息需要被表示以及物理传输，实现传输需要使用载波信号。通常，载波又通过媒介得以传输。例如，考虑将甜筒冰淇淋递给朋友的过程（见图 8.4）。此时，载波信号就是冰淇淋甜筒，媒介就是冰淇淋甜筒在第一和第二个人之间传递的空间，而消息则是我们是否送出了那个甜筒。通常情况下，传递的信息取决于接收者的信念，但可以想象，在这个示例中，消息旨在传达积极的情绪。当我们考虑在此情景下你与朋友之间的交流时，我们可将整个过程视为一个交流（通信）链接。

消息

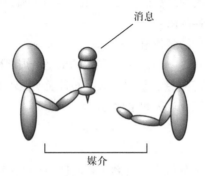

媒介

图 8.4　简单通信信道

存在各式各样可能的载体（载波）类型，我们可称之为通信模式。表 8.2 给出了一些例子。

表 8.2　通信模式示例

模　式	媒　介	示　例
输送	可选的	邮政服务、细胞生物学、嗅觉
光	可选的	灯塔、手势、手语、可见光通信（LiFi）
无线电波	可选的	移动电话、蓝牙、WiFi
电流	大多的	电话线、双绞线
电势	很少的	电容器
振动	必要的	声音（声波）、超声
压力	必要的	转向、压力调制
温度	必要的	隐蔽通信

前三种模式并不需要媒介，而传统的通信处理通常不将交通作为一种通信模式，

但在赛博物理环境中，将其当作一种通信模式来考虑是非常有益的。认识到它在人工和自然系统中都有发生，也是十分有用的。例如，活体细胞内及其之间的分子输送，对于调节生物体的过程是必不可少的。

同为电磁波的光和无线电波，可视作是光子的传输。在物理上，电磁信号不同于我们日常所认识的传输，因为光子同时具有波和粒子的特性。

接下来的三种模式通常都会需要媒介，但要注意的是，这并不总是必要的。电信号涉及电子的传输，而电子的传输通常由媒介所控制。在自由空间中移动电子是可能的，但以这种方式管理电子与设计电路是完全不同的。此外，传统电路还包括电容和电感等组件，这涉及导电介质的不连续性。这些空隙可以是介质，在这种情况下将它们称为介电体（dielectrics，可通过外加电场极化的电绝缘体），或者也可以是真空。介电体十分常见，因为其通常有助于避免相关组件之间的物理接触。

而最后的三种模式需要物理媒介，若没有物理媒介就不可能存在通信，因为它实际上反映了给定媒介物理状态的变化。振动和声音特别有趣，不仅因为我们人类从一开始就在利用它们，而且在赛博物理环境中，也可与安保性相关。例如，众所周知，恶意代理可在不具备传统通信端口的计算机上植入病毒，从而利用冷却风扇从设备中输出信息。

最后两个例子是比较少见的通信模式，但意识到它们的存在，无论在合作还是非合作情况下都是有用的。例如，石油勘探公司在钻井过程中使用压力调制将信号从地下深处发送到地面，此情景中使用其他通信方式异常困难。我们尚不清楚在合作场景下温度通信的用途，但可知的是，温度可能泄露有关加密密钥的重要信息，例如，使用智能卡芯片的温度提取用于查找密钥的信息。

8.5　链路特征

丰富的通信模式可能颇具挑战并也启发人们的灵感。与此同时，当我们设计特定的系统时，通过比较不同的可选方法，对我们将大有益处。当然，成本总是一个首要考虑的问题。接下来的问题是，如何量化通信的内容，以便我们能够比较类似的或性能可比的解决方案之间的成本优劣。

一般来说，不能仅将通信链路的性能量化为一个单一量，而应是不同特征的组合。通常考虑的特征是延迟、带宽以及各种可靠性的概念。当然，虽然"冰淇淋"不是唯一的通信手段，但它可说明各类链路的一些公共的物理特征。在赛博物理系统的背景环境下，通信实体的移动性使情况变得更加有意义，因为所有这些特征都依赖于实体的相对位置以及实体的环境。

8.5.1　延　迟

延迟是指从发送信号到接收信号所经历的时间。我们想象两个人相距 50 cm，冰淇淋以 1 m/s 的速度移动，那么传递冰淇淋需要 0.5 s。虽然对于人与人之间的通信，这样的延迟是可接受的，但对于从踩汽车刹车踏板到车轮收到信号的通信等应用，就需要更短的延迟。

显然，更快的传输速度具有更短的延迟。这就是为什么像电流和电磁波（光和无线电）这样的媒介备受青睐的一个重要的原因。在这个例子中，光比我们的冰淇淋移动要快得多，事实上，几乎快了 3 亿倍。但我们应该记住，对于任何非零距离和有限的速度，此距离的传输将经历着非零的延迟。

物理对最小延迟的限制，要比我们起初可能意识的还要多。特别是，狭义相对论认为，不仅总是存在非零的延迟，而且在两个物体之间距离非零的情况下，它们之间可能存在着绝对的、最小的延迟。特别是，该理论认为所有其他的传播不可能比光速更快。这意味着，在我们的冰淇淋示例中，两个人之间任何传输所需要的最短时间约为 1.67 ns。从另一个角度看，没有任何的信号能在 1 ns 内传播超过 30 cm。这个限制在大规模系统中非常重要，例如与卫星通信或与登月的宇航员通信。地球和月球之间光的传播大约需要 1.3 s。

题外话，一个"海军上将 Grace Hopper 解释纳秒"的视频，如果你没看过，建议你还是找到它并观看这个 2 min 的 YouTube 视频，它历史性地阐明我们理解这些基本约束的重要性。

8.5.2 带 宽

带宽是单位时间内发送消息的数量。注意，除非仅当我们可将不可分割消息能够分割成有限数量的消息，否则这个概念是没有意义的。因此，带宽的概念需要消息是离散的实体。为了统一性，可认为一条消息是两个可能值中的一个，也就是说，一个比特位。还要注意，带宽是基于所传输的数据，而不是它所传输的信息，因为后者总是接收者信念的函数。

考虑以上示例，如果我们假设第一个人没有给出任何口头或视觉上的暗示，那么可将消息视为两种情况之一：要么递了一个冰淇淋，要么没有递。如果我们进一步考虑该事件每天仅能发生一次，那么最大的传输率是每天发送一条消息。由于只有两种可能的事件，所以我们把消息视作一个比特位。

假设接收者从收到冰淇淋中获得的信息是发送者喜欢他们，这是一个喜欢 / 中立的信号。如果发送方和（或）接收方想要表达更详细的信息，比如"非常喜欢 / 喜欢 / 中立"，那么就需要更多的带宽。例如，这可以通过使用两个冰淇淋来达到。这样所提到的信息可用"两个冰淇淋 / 一个冰淇淋 / 没有冰淇淋"来表示。当然，这样传输可能花费更多或需要更多工作，但是可传输的信息量会增加。正如我们经常看到的，物理资源通常限制传输率，例如地球上标准尺寸的冰淇淋甜筒和冰淇淋球就那么多，而物理上传输的只是限制其中一个来源。在以下的练习中，我们还将考虑其他的限制。

练习 8.5   在以上的示例中，使用两倍数量的冰淇淋并没有使"喜欢"的层级个数翻倍。

（1）有没有办法每天最多使用 2 个冰淇淋，但通信可表示 4 个喜欢层级呢？比如"非常喜欢 / 喜欢 / 有一点喜欢 / 中立"。

（2）你实现更高层级信息传输的关键思想是什么？换句话说，是否有理由认为这种方法可泛化到其他情况呢？

8.5.3　可靠性

在理想的条件下，比如假设论域中只由你、你的朋友和冰淇淋构成，则传递冰淇淋的事情应相当可靠：在你开始将冰淇淋递给你的朋友的流程中，预期的产出结果应是他们接收到冰淇淋并能意识到消息的含义。理想化的条件可能很严苛，甚至很难给出。然而也可能是这样的，你和你的朋友在一个刮着风的天气中站在户外，当你递给他们冰淇淋时，他们可能正看向其他地方；在你将冰淇淋给到你的朋友之前，大风可能将冰淇淋吹走。唉，现在冰淇淋的物理证物不复存在了。这种情况只是可靠性问题的简化示例，可靠性问题几乎在所有现实通信中都会出现。一般来说，当我们试图在动态环境中、移动实体之间传输更多的信息、跨越更大的距离时，可靠性问题也将变得更具挑战性。

8.6　物理学的基本限制

自然界拥有对链路特征的基本限制。在传输速度或能源使用的极端情况下，这些限制往往变得特别重要。例如，当我们接近低能量的极值时，能量传输的最小单位可能是一个光子。如果我们将采样周期也缩短到足够小，为了在光子到达时正确地检测到它，意味着我们需要知道光子的速度和位置，这将由海森堡不确定性原理带来其他一些限制。

关于带宽的另一个基本物理限制，在此考虑已知的最高频率的电磁波，如 γ 射线，大约是 10^{25}，这是最大带宽。即使假设我们可以通过一个波形或一个空跳来对一个比特编码，而在实践中，有众多的原因可能导致这一假设无法实现。但至少我们有了一个相对简单的方法能够看到在单一比特的通信信道上存在一些硬性的限制。

虽然我们可将这些对延迟和带宽所施加的物理限制视为可能的解决方案空间的约束，但也可将其视为进一步研究和创新的灵感来源。

8.7　由于组件动态导致的限制

虽然从根本上自然界对延迟和带宽有所限制，但通常用于构建通信链路的组件动态性也会施加更大的影响，从而带来绝大多数的实际问题。为了具体说明这一点，考虑当我们使用电路实现通信时所发生的公共的状况。

8.7.1 电信号传输

最简单的可用于传输信号的电路例子，是从一个实体传输到另一个实体的恒定电流或电压。让我们聚焦于传输电压的情况，如果是通过电流传输，也可进行类似的分析。如上所述，由于物理定律的特性，我们观察任何物理现象的能力总是受到一些可测量的最小量的限制。因此，我们仅考虑离散级别的电压差。最简单的情况是有两个等级。毕竟，我们可使用一系列这样的传输表示任意数量层级。为了使发送端产生传输的电压，必须将足够数量的电子从电路的一端移动到另一端。电压差与移动电子的数量成正比。电子移动的速率称为电流。电流因产生了热量，故而消耗能量，因此须在任何电路中加以限制，否则就会发生过热现象。限制电流意味着增加电压的累计时间。这意味着从一个电压电平转换到另一个电压电平具有某特定的最短时间。反过来，这又限制了线路上的数据传输率，即带宽。

以上描述的情况可通过串联的 RC 电路建模描述，如图 8.5 所示，其中电压源 V_i 串联到电阻 R 和电容 C 上。假设流经电路的电流为 I，穿过电容的电荷为 Q，使用"物理系统建模"这一章中介绍的定理，则该电路的动态性由以下两个方程决定：

$$V_i(t) = I(t)R + Q(t)/C \qquad (8.1)$$

$$Q(t) = \int_0^t I(s)\mathrm{d}s \qquad (8.2)$$

第一个方程反映了输入电压等于电路中其余部分的电压之和的事实。第二个方程将信号目标（由电容表示）处的电压建模为传输电流和流经时间的函数。该方程捕获电子物理运动的效果，这是建立目标处电压的必要条件，并使目标有可能测量电路的变化。

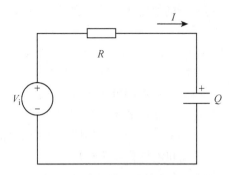

图 8.5　串联 RC 电路模型中的电信号传输通道

为了更容易理解这两个方程，我们要注意，由于 Q 是 I 的积分（由第二个方程所声明），我们也就知道 I 是 Q 的导数，这意味着：

$$Q'(t) = I(t) \qquad (8.3)$$

通过该观察，我们可将方程（8.1）重写为

$$V_i(t) = Q'(t)R + Q(t)/C \qquad (8.4)$$

根据基本的算术关系，我们可以将方程（8.4）变为

$$Q'(t) = \frac{V_i(t) - Q(t)/C}{R} \qquad (8.5)$$

式（8.5）是一个常微分方程（ODE）。在 Acumen 中，该方程可写成

```
Q' = (Vi - Q/C) /R
```

为了拥有一个完整的仿真模型，我们只需提供一些初始化部分的示例参数，例如：

```
R = 1, C = 1, Q = 0, Q' = 1, Vi = 1
```

此处所选择的常数仅是为了说明，并非为了与任何具体的电路参数相似。运行仿真的关键是要花费一些时间让目标电压 Q/R（在本例中简单地说即 Q）达到源电压值。

通过对方程进一步的数学分析，仿真给出了一些证实的观察结果。例如，如果考虑仿真的开始，我们可以看到，对于任何的非零灵敏度对电压变化的检测，均需非零的时间使电压增长到特定的水平。但重点是要注意，这个简单的实验并未反映全面的图像。如果将 V_i 改为 0 和 1 的顺序传输，一般来说可能不易检测到电压的变化，我们可能更希望电压达到特定的值才认为是一个可靠的测量。这一需求将进一步增加目标信号达到可测量水平所必需的时间。在此，关键结论是检测信号需要时间。

8.7.2 组件参数的可变性

由于电线的电容和电感效应，也会造成对带宽和延迟的影响。此外，另一个重要的实际限制的来源是单个组件的可变性。在任何制造技术中，由于环境、材料、工艺以及其他因素的自然变化，很难创建具有相同特性的组件。在设计糟糕的系统中，当我们将各个组件放在一起时，单个组件的可变性将会极大地放大。如反馈、离散化和量化等技术都为管理这个问题提供重要的工具。就本章而言，意识到这个问题以及应对问题的所需方法就足够了。

8.7.3 光和无线电的传输

与电信号相比，光和无线电波传输在最大带宽和延迟上具有一定的优势。举个具体的例子，双绞线的传输速度可高达 10 GHz，而光纤传输速度可达到 200 GHz，甚至更高。自由空间中的电磁频率可达到 THz（太赫兹，10^{12}）级别，因此，带宽原则上也可以接近这个频率。然而，根据定义，它们通常不是定向的，因此会受到巨大的耗

散效应，从而限制了它们的传输范围。然而，在多数情况下，传输路径上会存在物理阻碍，阻止或显著降低信号的传输。

8.8 噪声限制

噪声是一个描述关于可能造成感知（传感）难度的环境因素的术语。最简单的例子，当我们在一个忙碌的聚会中与朋友交谈，因环境中有其他人在谈话，我们发现彼此很难听到对方说什么。在此情况下，你使用的通信媒介也被其他消息所使用，从而使你难以正确地接收到你朋友的消息。

事实上，几乎所有已知的通信模式都会产生噪声。周围环境中的振动、声音、光、热和辐射所有这些现象，都可认为是噪声类型，会影响通信的通道。在传输中，消息可能会受到经过系统的其他许多消息的影响，也可能会受到过程中偶发故障的影响。由于来自系统其他部分和周围环境的不同电势和电磁效应的影响，所以造成电信号串音。特别是在高海拔地区和外层空间，它们还会受到背景辐射的影响。噪声也可能会引起对共享资源的争夺，这可以从无线电传输附近信道的影响中看出来。

噪声不可避免，它的存在对信号有几个重要的影响。一个特别重要的影响是，对于所有实际信号应用目的来说，测量都存在一个最小的精度。这就是为什么我们将信号消息视作离散值的一个重要理由。从本质上说，这个决定反映了这样一个事实：低于某个水平值就不可能开展可靠的测量。另一个影响是随机的，即噪音无边界，所以我们期望它能遵循概率分布。根据这个分布和噪声的大小程度，正确测量可能无法有效绝对保证。由此产生了在通信中概率方法应用的需要。因为噪声水平足够大（或者换个说法，信号水平足够低）会导致这样一种情况，即接收正确消息的概率无异于抛硬币猜测的概率，所以随机性是很重要的一个关注点。

最后，一种值得注意的情况，将接收到的随机消息认定为发送者预期发送的消息，这是不可取的。有很多方法允许接收者检查所接收消息的完整性。至少，这样做允许接收者忽略消息，但更常见的是，重传请求成为可能。

8.9 由于能量耗散的限制

虽然电传输和光传输是可导向的（例如，分别通过电线或光纤的安装），但在自由空间中电磁传输是非导向的。导向对于信号中的能量保守是非常重要的，可以使信号传播得更远。为了说明这一点，你可能对创建机械式电话的实验很熟悉。制作这种装置可刺穿金属罐（或塑料杯），使用塑料钓鱼线连接较远距离放置的两个金属罐（或塑料杯）。导线拉伸就能有效地将振动从一端传递到另一端。基于此原理就可以使得手执一端的人能够听到另一端的人对设备说的话。这个实验提示我们，信号沿着导线（一维空间）可以很好地保存。这种信号传输的唯一限制是，由于钓鱼线中非弹性效应造成的耗散，将振动转化为热量或者机械振动泄漏到周围环境中。忽略这些效应，将给我们思考波在没有引导的情况下将会发生什么提供了良好的思考起点。

例如，假设在二维空间中我们有一个传播的信号，就像我们把玻璃弹珠扔到一个静止的水池中间所看到的。为了简单起见，我们再次忽略那些次要的影响，假设从玻璃弹珠掉落处开始的波的能量在扩散中一直保持。根据基础几何学我们知道，当波外扩时，表示波中心圆的半径与它的周长成线性比例。鉴于在这种情况下的对称性，可合理地假设能量将沿周长均匀地分布。这意味着，如果我们观察圆（波）上任何一点的能量，信号在这一点的能量将与其到中心的距离成反比递减。同样地，在三维场景下，波是在球面上传播，能量的递减与距离倒数的平方成正比。

8.10　其他来源的限制

实际上，其他一些方面也会导致通信限制。其中之一是发送和接收系统的时钟速度，偶尔它们需要与通信系统的其他组件共享。时钟是一种离散化技术，以便在大型数字电路的设计和运行。然而，时钟速度通常必须适配系统上最复杂组件的计时需要。在简单的设计中，这可能需要与传输或接收设备的时钟率匹配或对准。

8.11　本章的亮点

1. 将通信视为信息传输
（a）信息和确定性 / 不确定性；
（b）信息和知识、信念以及真相。
2. 与通信相关且广泛适用的概念
（a）延迟，通过信道获取消息的时间；
（b）带宽，发送消息的最大速率；
（c）可靠性，发送时得知消息能成功到达；
（d）上述不同概念之间可能的联系。
3. 基本限制及其来源
（a）物理（自然界）限制的影响；
（b）物理组件动态限制的影响；
（c）噪声（和 / 或"干扰"）限制的影响；
（d）能量散失限制的影响。

8.12　研究问题

本节的问题可单独研究，也可分组研究。这些问题比之前章节里的更大，所以预计需要更多的时间来解决。

1. 本章介绍了 RC 信道，为此建立系统模型，对于传输 42 位的二进制表示。你的模型针对发送方和接收方，应包括消息的二进制表示向量形式。

（a）找出允许正确传输初始测试消息信号的最短时钟周期。

（b）当确定了该时间，找到使用这些设置却不能正确传输的另一个消息串。

（c）解释为什么使用第一个消息串的评估并不充分。

（d）找出确定最快时钟周期的一种方法。

2. 调幅（AM）传输信号，使用载波的本身是一个固定频率的波。这是调幅广播的基础。本质上讲，信号和载波相乘以产生传输信号。

（a）假设传输信道是完美的，针对通信生成通信源和信号模型。假设载波频率为 100 Hz。

（b）假设通信目标知道确切的传输频率，但并不知道相位。建立目标模型并解释确定载波信号相位的机制。

（c）使用信道传输从 0 到 8 的 4 位二进制位表示。

（d）通过实验确定使用此信道正确传输的最快速率。

8.13　进一步探究

- 《福布斯》一篇题目为《量子纠缠不支持比光速更快通信的真正原因》的文章。

第 9 章　传感和作动

术语"传感"和"作动"分别用于指获取有关世界的信息和影响物理对象。在赛博物理系统中，探索传感和作动是一个有趣的方面，提供了一个自然的机会，让我们了解更多关于当前计算组件是如何工作的，特别是，哪些组件可直接使用基于半导体的电路实现，哪些组件需要其他中间环节才能得以实现。

9.1　日常的输入和输出

传感和作动以简单形式出现在众多的计算系统中，如台式计算机、便携式计算机，或者任何我们认为的传统的数字计算机设备。以电子方式向计算机输入信息，最简单的途径是通过开关装置，比如智能手机上的 Home 按钮或键盘上的某个特定键。开关装置是一种根据外部输入（如手柄或按钮的物理位置）接通或断开电流的元件。在原理上，可使用开关直接发送二进制信号到数字电路中。键盘按钮或 OFF/ON 开关，原理上就可以用于这种简单的电路。实际上，由于诸多原因，常常需要额外的电路帮助提高信号的品质，并确保各个子系统的安全。以最简单的形式向计算系统提供输入的设备，关键是其非常简单直接。更重要的是，也许每一个信号传感都需要经过这个步骤才能进入计算系统。

当该信号到达数字电路时，可用两种方式之一对其进行处理。信号要么在一个锁存器（latch）中保存，仅能在时钟周期上观察其值的变化，要么信号由另一个可直接使用其值的信号读取。

现在的问题是，我们如何将数字输出转化为某种物理动作。事实证明，物理上观察输出的最简单的方法之一，是使用当今最为广泛的技术之一，即发光二极管（LED）。对于许多微处理器来说，需要做的就是将 LED 串联一个小的电阻后连接到线路上，因为 LED 携带着我们想要观察的数字信号。这样一来，当线路出现高电压信号时 LED 打开，而当低电压信号时 LED 关闭。另外提示，应该注意的是有一些微处理器使用 HIGH 表示 0，而有些则使用 HIGH 表示 1。

9.2　对称性：发光二极管和光伏电池

如果通过按钮位置的变化，我们能观察到这样的输出，那就太好了。当我们将作动和传感主要用于通信时，这会为我们提供一个看起来很自然的对称。尽管 OFF/ON 开关可能是输入信号进入计算组件最简单的方法，但相对而言，建立让开关移动的机制却并非易事。除此之外，LED 确实为我们提供了一个示例，它是提供输入和观察数字系统输出的最简单的方法：因为 LED 本身是光敏元件，所以可感应光和发射光。如果隔离在照明环境中，那么 LED 的两端之间将会有一个电压。放大该电压，以此可以检测光存在与否。

LED 可同时用于传感和作动的事实，使得这个元器件具有特别的意义。因为选择它们作为输入设备、输出设备和通信设备，具有高度的灵活性。在某一时点，智能手机的前身之一 —— 个人数字助理（PDA），其中某些型号的设备支持通过红外线实现设备之间的通信。在很长一段时间里，许多家电的遥控器都使用红外光进行单向通信。最近，关于可见光传输技术（LiFi，类似于 WiFi）作为通信媒介的讨论日益增多。目前，光纤是计算机系统间进行长距离通信的方法之一，其具有最高带宽机制。此外，在高性能计算系统中，光纤总线用于连接 CPU 内核。半导体器件可轻易地产生和处理光，原理上，未来的 CPU 可能会在芯片中使用光。2019 年媒体就曾报道，包括英特尔在内正在研究一种光互连的芯片，用于神经网络应用，参见本章"进一步探究"中的内容。

LED 另一个有趣的方面在于，光的存在将会产生电压电位，可用来收集能量。实际上这就是光伏电池所具有的功能，我们将视为 LED 的一个小变体。光伏电池面临的一个挑战是，必须仔细地将其分组以及进行电路连接，从而聚合更高的电压并形成更高的电流。此外，由于光伏电池明显暴露于开放环境中，因此，采取的外包装方式必须保证其在很长一段时期内有效运行，并且在效能方面不会减弱。根据我们刚刚所学的，细心的读者会理解由于类似的原因，LED 照明设计颇具挑战性。

9.2.1 二极管

理解为什么要连接计算组件和物理组件，这个问题十分有意义，那么了解一些有关现代计算组件如何实现的基础知识将会对我们有所帮助。我们基本都听说过**硅**，因为计算机芯片就是由它制造的。我们大多数人还知道**半导体**，可能特别好奇，为什么会有这么奇怪的名称而且还那么重要。

导体是指易于电流流动的材料，金属是导体的典型例子。一种材料是否导电取决于它的原子结构，特别是其支持还是阻止电子的运动。在原子层级上，导体的特征表现在我们称为传导带（conduction band）的轨道和称为价电带（valence band）的轨道之间有重叠的空间。在传导带上的电子可以自由移动。**绝缘体**是指电流不能在其中自由流动的材料，塑料是绝缘体的一个常见例子。就能带（band）而言，绝缘体在传导带和价电带的能量层级间存在"很大"的间隙。

半导体之所以有意义，并不是因其具有介于导体和绝缘体之间的某个固定的导电率，而是引起可用于建造某种装置，依赖于特定的外部控制信号，该装置或是导电或是绝缘。最简单的情景，这里的控制信号就是电信号。有许多方法可实现这一效应。二极管可以说是最简单的示例之一，因为根据我们施加在装置本身的电势方向，二极管既可作为导体又可作为绝缘体。在此，控制信号就是装置两端的电压，我们由此观察的效应是有多少电流流过装置，以此作为电压作用的结果。与电阻器不同，经过装置的电流随电压方向不同会产生显著的变化。为了了解它是如何工作的，让我们更进一步观察二极管是如何由半导体构建的。

为了简单起见，我们还是从考虑硅的结构开始。硅原子外部的价电层有 4 个电子，通过与周围其他 4 个原子连接形成晶体，如图 9.1 所示。

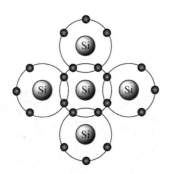

图 9.1　纯硅晶体（见彩图）

由此就形成了这样一种情形，每个原子在其价电层上都有 8 个电子。对于价电层来说，这是稳定的电子个数，因为电子可以保持在原位，因此硅在室温下为绝缘体。如果在硅中加入杂质，事情就变得更有趣了，它会轻微破坏硅的稳定形态，并在此过程中使其呈现引人入胜的特征。这种在制作时带来的改变称为掺杂（doping），用于在晶格中或引入一个自由电子，或失去一个电子，如图 9.2 所示。两种类型的掺杂，分别称为 n 型半导体和 p 型半导体，两者均改变了原始晶体的导电特性。但更重要的是，当把它们放在一起时，就会产生所谓的 N-P 结。N-P 结成为制造各种半导体器件的基础，如二极管、晶体管和光伏单元。

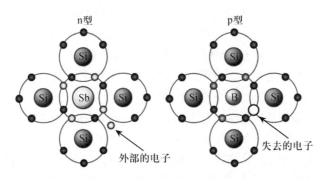

图 9.2　n 型掺杂引入了自由电子而 p 型丢失了电子（见彩图）

在 N-P 结处将会产生特别有趣的效果，即形成一个稀薄的耗尽层（depletion region）。这是由于自由电子能够从一侧为填补另一侧失去电子形成的空穴而进行的自然迁移。其结果是 N-P 结由于缺少自由电子，因此并不是导体。而这时电子的迁移产生了电势，任何想要逆向移动的电子都需要克服此电势。更重要的是，这个耗尽层区域的大小对穿过 N-P 结的电压很敏感，电压施加在一个方向上，该区域会增大（电压也是一样），但施加在另一个方向上，该区域会缩小（电压累计可忽略不计）。这个效果使 N-P 结具有允许电流向一个方向流动而阻止另一个方向流动的能力，而我们也因此得到了一个二极管器件（见图 9.3）。

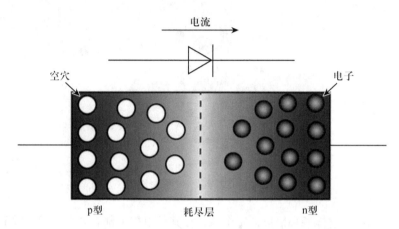

图 9.3　N-P 结形成的二极管——最基本的半导体器件

二极管作为电路组件得到广泛应用，包括无线电信号解调以及构建数字逻辑电路。本章的目的是，通过二极管我们可以对半导体如何工作形成基本的理解，并且帮助我们了解，为什么光是可与数字相关电路连接的最简单的非电物理媒介。

9.2.2　光伏效应

电流穿过耗尽层区域所发生的最有趣的现象之一涉及光。当电子从 n 型一侧移动到 p 型一侧时，电子可能从传导带移动到价电带，有时我们将这种现象称为重组，就像电子在价电带遇到了"丢失"的电子，从而由于传导带和价电带的能量差异导致发射光子（见图 9.4）。光子由于其能量的原因而形成可见光[1]。对于传统电路的应用，出于效能考虑，要避免能量差异。对于 LED 器件的设计，考虑将光发射事件的发生机会最大化，并让该器件以特定的频率产生光。

还有一个更有趣的效应是存在双重动力学（dual dynamic）：在光子充足的情况下，N-P 结使电子朝反方向流动，增大了 N-P 结两端的电势。这一电势，我们可将此N-P 结当作光伏电池单元，用它检测光的存在。在光线充足且适当配置的电路中，该电池单元也可用来从光中收集电能。原子物理层面的基本动力学称为光伏（photo-voltaic）效应，这与爱因斯坦因此获得诺贝尔奖的光电（photo-electric）效应密切相关。

---

① 应该注意到，这个简单解释更适用于如锗这样的半导体。对于硅来说，相比光子效应，其他物理效应更占主导作用。

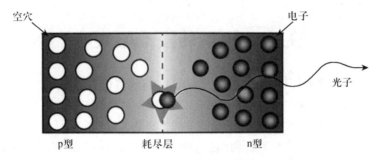

空穴　　　　　　　　　　　　　　　　电子

光子

p 型　　　　　耗尽层　　　　　n 型

图 9.4　发光二极管（见彩图）

9.2.3　晶体管和放大器

　　N-P 结支持我们构建二极管、LED 和光伏电池等器件，还让我们能够构建另一种重要的半导体器件——晶体管。晶体管最简单的形式是通过将三个不同掺杂的半导体段放置在一起而制成，例如 p 型后是 n 型，之后再是 p 型。这种配置创建了两个 N-P 结和有三个接线端的器件。使用该器件可实现许多十分有用的效应。例如，中间接线端提供的电压（或电流），其微小变化就会对流过其他两个接线端的电流产生显著影响。该效果可用于实现将信号幅值放大几个数量级的电路中。为了可靠地实现放大功能，需要使用多个晶体管构建**运算放大器**，其功能已在第 4 章 "控制论" 中有所解释。在生成和感应光的背景环境中，运算放大器可用于增强数字开关信号，由此驱动发光二极管发出更强的光，传播得更远；或者放大来自光伏电池单元的微弱光信号，使我们清楚地识别出数字电路中的信号，如图 9.5 所示。在我们感应外部信号和驱动外部设备时，使用放大器对于感应及准确驱动都发挥了至关重要的作用。在模 / 数转换器和数 / 模转换器中，也会使用放大器。

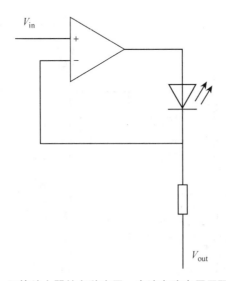

V_{in}

V_{out}

图 9.5　运算放大器的多种应用，在该电路中用于驱动 LED

9.3　模／数转换（ADC）

一方面我们需要使用模／数转换器（ADC），将模拟信号转换到数字计算组件中；另一方面也需要使用数／模转换器（DAC），从数字计算组件中转换出模拟信号。最好将上述两种电路理解为模拟电路，最简单的想法是，将数字信号值由最低和最高的电压来表示（比如 0 V 和 15 V），而模拟信号是可介于最低和最高电压之间的任何值。为简单起见，以下我们假设用 4 bit 来表示信号，这意味着仅能表示 2^4（16）个数值。

将模拟信号转换为数字信号的基本策略是，首先使用一个简单的梯形电路，该电路由一系列阻值相等的电阻从高电压到低电压串联而成。以 16 级电压电路为例，我们将使用 16 个电阻。只要每个电阻的阻值相等，它们之间的电压差也就相等。这将会为我们提供拥有 16 个不同电压值的电源，最低 0 V，最高 15 V。从 1 V 开始，一直往上，将这个模拟信号输入到各个运算放大器的负极输入端，将用于测量的信号接到正极输入端，由此我们构建了 15 个电路。只要每个放大器用于测量的输入信号高于这个模拟信号的电压，放大器的输出就会给出一个高电压信号，否则就会产生一个低电压信号。然后，我们可将这些输出信号视为数字信号，并选择其中一种方式进行采集，包括简单地将信号相加或者将信号送入优先编码器的简单电路中。该电路确定 15 行中"最高的"行，并将其数字转换为 4 位二进制数表示。图 9.6 所示为该类电路的一个例子。以下模型说明了梯形电路的行为：

```
initially
Vs = 1:16, input = 0, input' = 1, output = 0
always
input' = 2,
output = sum 1 for v in Vs if input > v
```

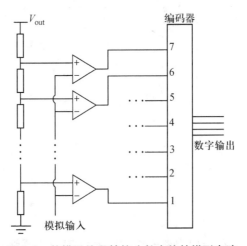

图 9.6　从模拟信号转换为数字值的梯形电路

本质上，该电路与计算输入值的最低值具有相同的效应，一个更直接的量化模型；可将取整当作基本模 / 数转换的模型。根据应用，我们可选择构建其他取整运算电路，如向上取整电路或最近取整电路。如果当输入值具有更多的位（bit）或更小的范围时，我们也可用每个整数来表示一个小数。同样地，实现此效果的电路可使用取整函数，这样有助于直接建模，但必须先将输入乘以分数的分母，再将结果整数除以分数来找回我们表示的值。

9.4 数 / 模转换（DAC）

双向过程的基本策略，即数 / 模转换，同样要用到运算放大器。这情况下，需要使用一个称为"**求和放大器**"的经典电路，运算放大器的正极接地，负极连接到输入节点。输入节点通过（分母）电阻连接到放大器的输出端，并提供反馈信号。此外，输入节点还可以与任意数量的电阻器连接，这些电阻器再与将要生成的编码模拟信号数位连接。如此配置提供了一种机制，使输出取值为连接到放大器负极输入端的数位为高电压的所有电阻的电压之和。图 9.7 所示即为此类电路的示例。

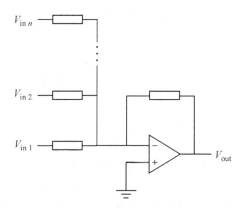

图 9.7 数 / 模转换的求和放大器

9.5 温度感应

既然我们已经具备将模拟信号映射到数字信号的基础，现在考虑模拟信号自身是如何产生的。当然，我们已经介绍了光的产生。温度是日常最基本的测量参数之一，这一应用涉及空调系统、智能手机或计算机等智能设备的几乎每一块电池以及各种机械和化学过程。有趣的是，当前，CPU 内部温度的测量十分普遍，目的在于避免过热并通过改变任务负荷的分配使其达到稳定的温度。

可利用多种方式产生电效应来测量温度。热电偶是指两种不同类型的金属在连接处产生一个温度敏感的电压，如所谓的热电效应（见图9.8）。另一种方式是热敏电阻，是一种由温度决定电阻大小的器件。事实上，所有材料的导电性都会随温度的变化而变化，而变化较大的材料更适于此类应用。对比传统组件构造，对于材料的选择，我们期望其随温度变化最小。

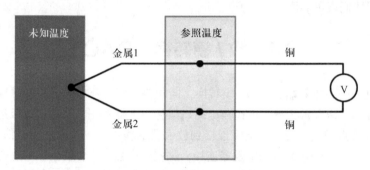

图 9.8　热电偶电路设计的示例

9.6　位置感应

在赛博物理系统中，通常另一类型的测量是相对位置。最简单的案例，使用开关装置测量关闭/打开的位置，就像冰箱和便携式计算机那样。使用一种称作变阻器的元器件进行连续测量，一种可变电阻的元器件，当元器件的一个接线端沿着电阻材料移动时，因改变了电流经过材料的长度，从而改变了总的电阻值，其符号如图9.9所示。这是一种测量相对位置的简单且可靠的方法，可用于线性和角度位置的测量。然而，它确实需要物理连接到我们期望跟踪的点位。在元器件内部，也具有彼此滑动的移动部件，随着时间的推移可能会导致移动部件的严重磨损。正是出于这个原因，使用光（有时是红外线）来替代以检测近距和非直接的位置。在实践中普遍使用的是旋转编码器（rotary encoders），通过各种物理现象可测量相对或绝对位置。

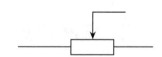

图 9.9　变阻器的符号，感应位置的基本装置

很多技术都可应用于远程位置的测量，也就是说，不需要物理连接。根据环境的不同，可使用一个或多个摄像机提供位置信息：在室内环境中，可采用超声波传感器；在室外环境中，可根据情况需要使用诸如全球定位系统（GPS）或激光雷达（LIDAR）等系统。

9.7　机械系统作动

当谈及机械系统作动时，达成该目的最直接的方法之一就是由电机提供动力，设计专门的运算放大器用以产生必要的电能来驱动直流电机。大多数电机需要特定的电压电平才能正常运转。因此，通常情况下，电机作动控制的主要参数是电能供给的多少，从而根据选定的比率快速地打开、关闭电源。例如，如果我们不需要电能，信号是 100% 的时间关闭；如果我们想要供给全部的电能，信号就是 100% 的时间打开；如果我们想要 50% 的电能，则以同一比例组合关闭、打开信号。从本质上说，这为我们提供了一种控制速度的机制，利用反馈控制和各种机械传动组合的方法控制位置。

9.8　本章的亮点

1. 感应和作动

（a）在赛博物理系统中提供计算和物理组件之间的链接；

（b）开关是最简单的输入机制之一；

（c）失去对称性；

（d）为何与对称性有关？

2. 光作为最接近当今赛博（计算）部分实现技术的媒介

（a）输入和输出均可用；

（b）二极管、LED 和光伏电池单元。

3. 关于半导体的更多内容

（a）半导体如何工作；

（b）复杂性方面，二极管之后介绍晶体管；

（c）晶体管用运算放大器的构建块；

（d）在电子学中运算放大器的普适作用。

4. 构建接口

（a）温度影响所有事物；

（b）测量相对的位置；

（c）电机作动。

9.9　研究问题

1. 修改 9.3 节中的示例：使用 5 bit 并以 0.5 的增量表示连续输入。

2. 使用向下取整函数 floor 简化问题 1 的练习结果。

3. 基于 9.4 节所介绍的策略，针对其前面所讨论的示例给出一个数 / 模转换电路。

推导出输出方程，输出方程是关于输入位所表示值的函数，表明该电路确实可实现数 / 模转换功能。

9.10　进一步探究

- TechLapse 的一篇题目为《英特尔正在研发光学芯片以提高人工智能》的文章。

附录 A　Acumen 参考手册

本版修订并更新了 Acumen 2016/8/30 版的手册。

A.1　背　景

Acumen 是一个用于基于模型的赛博物理系统设计的实验建模语言及集成开发环境（IDE），致力于面向构建小型、文本的混合系统的建模语言。本手册主要介绍在 Acumen 软件中选择 Semantics（语义）下拉菜单中的 Traditional（传统）选项时的关键功能特性。如报告 Acumen 的错误或者本手册出现的问题，请使用在线表格 http://www. acumen-language.org/p/report-bug.html。如继续关注 Acumen 开发的更新，请订阅公告邮件列表，网址为 http://bit.ly/Acumen-list。

A.2　Acumen 的环境和图形用户界面

通过图形用户界面（GUI）使用 Acumen 环境的标准模式，由此可以：
- 浏览给定目录中的文件；
- 加载、编辑和保存模型文本；
- 运行模型；
- 查看随时间变化的绘图、表格或 3D 可视化变量；
- 读取系统报告的错误消息或文本输出。

本书假设你是在通过 GUI 方式使用 Acumen。

A.3　Acumen 模型的基本结构

一个完整的 Acumen 模型由一系列模型声明组成，一个完整的模型必须包含一个名为 Main 的模型声明。Main 模型声明仅有一个参数。按照约定，该参数称为 simulator。举例来说，典型的模型具有如下形式：

```
model Ball (mass, size) =

// Body of declaration of a model for a Ball

model Main (simulator) =
```

```
// Body of declaration of the model Main
```

所有行关键字"//"之后的部分将被忽略，作为注释对待。类似地，任何以"/*"
开头以"*/"结束的文本也是注释。模型的声明可以任何顺序出现。

A.4 模型参数和"initially""always"段

模型声明以模型名称和一组形式化参数开始，后跟等号"="。在名称和参数之
后，模型声明可包含"initially"段。示例如下：

```
model Ball (mass, size) =

initially
x_position = 0, y_position= 0

always
// Rest of the body of declaration of model Ball
```

"initially"段定义该模型局部变量的初始值。在定义这些初始值时可使用参数变
量。参数变量和模型变量都可以在模型体的其余部分使用。此段中引入的变量不能在
本段中引用。

"always"段包含一组公式，通常由简单公式和/或条件公式组成。有一点非常重
要：这些公式是同时执行的。这就意味着，模型文本中的公式先后顺序并不重要。假
设一变量 x，使用其导数（写成 x'）仍可对变量表示值的连续变化建模，类似地，也
可以使用下一个值（写成 x +）对一个值的离散变化建模。

A.5 模型实例化

对模型实例建模是可能的。这可在 initally 段或 always 段中进行。在 initially 段完
成时，创建的实例称为静态实例；在 always 段中完成时，创建的实例称为动态实例。

```
model Main (simulator) =

initially
b = create Ball (5,14)    // Static instance

always
// First part of model definition
```

```
create Ball (10,42)        // Dynamic instance

// Last part of model definition
```

新用户会发现使用静态实例更为容易，因为创建动态实例需要多加留心，尤其在每次创建新对象时其恰好处于活动状态。

A.6　表达式

Acumen 表达式可由变量、字母文本、内建函数、向量生成器以及求和构成。

A.6.1　变量名称

在 Acumen 中，变量名是一个或多个字符的序列，以字母或下划线开头，其后可包括数字。变量名的示例，如 a、A、red_robin 和 marco42 等。作为约定，Acumen 语言中以特殊方式使用的变量名通常以下划线开头。特殊变量的一个示例是 _3D。变量的名称后面可以没有或者有多个撇号 (')，带撇号的变量表示没有撇号的这个变量的时间导数。这类变量的示例如 x'、x"、x'''。

A.6.2　字母文本

Acumen 支持不同类型的文本值，包括布尔值（true 和 false）、整数（1、2、3 等）、小数（1.2、1.3 等）、浮点数（1.2E－17、1.3E14 等）、字符串（"rabbit" "ringo" 等）和向量值（(1，2，3)、(true、false、false)、("a" "ab" "abc") 等）。特殊常数 pi、children 以及基本颜色的名称（如 red、white、blue）也是文本量。

A.6.3　向量和向量生成器

向量可由（1，2，3）和（1，1＋1，2＋1）这样的表达式构造。此外，向量的生成还可通过指定起始值、步长和尾值，写成 start：step：end 形式，例如 4：2：8 形式将会生成（4，6，8）。如果步长为 1，我们可省略步长，写成 start：end，例如 4：8 形式则可生成（4，5，6，7，8）。

要查找向量 x 的第一个元素，可以写作 x（0），查找第二个元素，可以写作 x（1），以此类推。length 函数可用来确定向量的长度，如下所示：

```
model Main(simulator) =

initially
list = (1,2,3,4,5), size = 0

always
```

```
size = length(list)
```

通常在 foreach 公式中使用 length(list)。

A.6.4 矩 阵

矩阵表示向量的向量。例如 ((1，0)，(0，1))，表示的是一个二维单位矩阵。矩阵支持的运算符是算术操作符（+、−、*）、求逆运算符（inv）、转置运算符（trans）和行列式运算符（det）。子矩阵可以通过索引切片（slicing）从现有矩阵中提取：

```
model Main(simulator) =

initially
I3 = ((1,0,0),(0,1,0),(0,0,1)),

I2 = ((0,0),(0,0))

always
I2 = I3(0:1,0:1) // First two rows and columns of I3
```

A.6.5 求 和

可通过集合上的迭代计算一系列值的和。求和运算的示例句法如下：

```
sum i*i for i in 1:10 if i%2 == 0
```

如本例所示，sum 结构允许我们指明迭代范围，并根据条件筛选累加的值。如果没有过滤条件，也就是说，当条件总是为真时，可省略 if 子句。

A.7 公 式

在 Acumen 中有五种类型的公式，即连续公式、条件（或守护）公式、离散公式、迭代和公式集合。我们把连续公式和离散公式称为简单公式。

A.7.1 连续公式

连续公式的左边必须是一个变量或一个变量的导数，右边可以是任何表达式。连续公式的示例如下：

```
a = f/m
x" = -9.8
```

在同一模型中，可同时对所有公式赋值。因此

```
x" = -g,g = 9.8
```

等效于：

```
x" = -9.8
```

所有离散公式都执行完成后，即这些公式不再针对模型状态做进一步更改之后，再进行连续公式的求值。

A.7.2 if 公式

if 公式是第一种类型的条件公式，它能够让我们表达在不同的条件下公式的效应。以下的代码阐明了如何给出 if 公式：

```
if (x>0)
then x" = -9.8

else x' = 0
```

在这个示例中，仅当变量 x 的值大于零时，第一个连续公式才发挥作用，结果是 x' 在不断减小。因为其是递减的，无论一开始它是负的还是正的，x' 最终肯定逐步变成负的。类似地，x 也会减少，直到条件不再为真。当发生这种情况（x 小于或等于 0）时，第二个方程就会发挥作用，x 将保持不变。用圆括号括起多个逗号分隔的公式，它们可包含在 if 公式的 else 分支中：

```
if (x>0)
then x" = -9.8

else (x' = 0, stopped' = 1)
```

A.7.3 match 公式

match 公式是第二种类型的条件公式，可将其视为 if 公式的广义化。根据我们所要匹配的特定表达式的值，可以在多种不同情况下使能不同的公式。以下的示例说明了这一点：

```
match myCommand with
    ["Fall" -> x" = -9.8
    |"Freeze" -> x' = 0
    |"Reset" -> x = 0
]
```

在任何时候仅有一种情况被激活。匹配必须针对一个显式的常量值（如 "Fall" "Freeze"）。如果多个子句匹配相同的值，则仅有第一个激活。

137

A.7.4　离散公式

离散公式的左边必须是一个变量的下一个值或变量的导数，右边可以是任何表达式。示例包括以下公式：

- t + = 0
- t' + = 1
- t" + = 0

离散公式可以对变量值的瞬时变化建模。为了正常运行仿真，模型定义的主体（即 initially 段外）中所有离散公式通常应在条件公式中（如 if 公式或 match 公式）出现，最终这些条件公式的条件会不再成立（不再为 True）；否则，将会进入无限循环，因为在一次实例中存在无限的离散变化链。以下示例是离散公式的典型用法：

```
if (x>=0) || (x'>0)
then x" = -9.8

else
x' + = -0.5 * x'
```

此处，仿真高度为 x 的球撞击地面时（水平值为 0，即 x = 0）的弹跳，x' 的值重置为方向改变（负号）并减小值的数量（乘以 0.5）。注意，只要这个公式发生，条件将会改变，因此离散公式仅在一个瞬时启用一次。此外，由于条件要求 x' 为负数，所以新的 x' 一定为正；因此，我们也可预期，第一行的条件将变为真，球将再次受到向下的加速度，此处可视作是仿真重力的效果。

A.7.5　foreach 公式

foreach 公式允许我们执行迭代。示例如下：

```
foreach i in 1:10 do x = 2*y

foreach c in children do c.x + = 15
```

第二个类型的迭代说明，模型如何为所有子级（children）的 x 字段赋值。

A.7.6　公式集合

在多个同步公式之间使用逗号可表达为公式集合。例如：

```
x" = -9.8, y" = 0
```

在公式集合中，公式顺序无关紧要，因为它总是同时求值的。

A.8　模型是如何仿真的：求值顺序

最初，Acumen 模型的仿真只有一个模型实例，即模型 Main 实例。动态创建模型实例就形成了实例树。Main 的第一个实例总是树的根节点，至少在最初，模型实例的子（children）实例是由其创建。每个仿真子步骤（sub-step）都包含从根节点开始遍历整个树，执行离散子步骤和连续子步骤（见图 A.1）。在离散步骤中，处理离散公式和结构化动作（创建、终止和移动）：通过树的遍历执行处于活动的结构化动作并收集处于活动的离散公式。收集了离散公式之后，并行地执行它。例如，x + = y，y + = x 是交换运算。对于每个模型实例，首先执行每个父实例的结构化动作，然后执行所有子实例的结构化动作。如果仍存在改变状态的处于活动的动作，则继续以这种方式执行离散步骤；否则，开始执行连续步骤。在连续步骤中，执行所有的连续公式和积分。

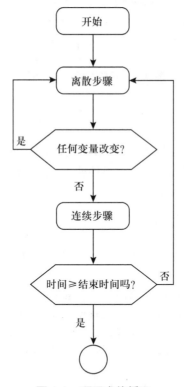

图 A.1　顶层求值循环

A.9　使用 _3D 面板可视化

Acumen 有一个 _3D 面板，可用于在 3D 中生成静态或动态可视化。下面我们介绍使用此功能所需的构造。

A.9.1　颜　色

所有 3D 对象都可赋予颜色。颜色的描述用于表示红绿蓝（RGB）维度的三维强度。颜色由 (r, g, b) 形式的向量表示，其中 r、g 和 b 的每个值称为强度，是 0 ~ 1 之间的实数。图 A.2 所示为 RGB 基本组合的一些示例。在此，向量表示强度，而不是坐标。坐标和强度均表示为三元组（即大小为 3 的向量），这也是巧合。为了更容易地使用 _3D 公式，Acumen 还定义了基本颜色的强度常数：红、绿、蓝、白、黑、黄、青和品红色。

```
Black    (0,0,0)
White    (1,1,1)
Red      (1,0,0)
Green    (0,1,0)
Blue     (0,0,1)
Purple   (1,0,1)
Yellow   (1,1,0)
```

图 A.2　颜色面板（见彩图）

A.9.2　透明度

3D 对象也可以具有一定程度的透明度。为此，Acumen 提供了一个透明度参数，它接受一个从 0 到 1 的浮点数。0 表示不透明，1 表示最大透明度。以下模型描述了一个透明的盒子部分遮挡另一个盒子：

```
model Main(simulator) =
initially
_3D = (), _3DView = ()
always
_3D = ((Box center =(0,0,0)    size = (0.2,1,3)
            color = red  rotation = (0,0,0) transparency = 1),
       (Box center = (2,0,-0.5) size = (2,2,2)
            color = blue rotation = (0,0,0) transparency = 1)),

_3DView = ((-8,5,2), (0,0,0))
```

该模型生成的 3D 图像如图 A.3 所示。

A.9.3　坐标系

Acumen 的 _3D 面板显示中使用了右手坐标系，如图 A.4 所示。

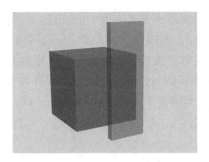

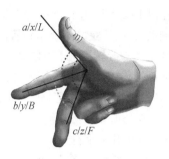

图 A.3　一个透明盒子部分遮挡另一个盒子　　　　图 A.4　右手规则

图 A.5 展示了坐标系和坐标系中一些点的示例。每个点都用一个小立方体标记，旁边的文本表示该点的（x，y，z）坐标。应注意，与以上的插图不同，这里的三元组是三维空间中的坐标，而不是颜色强度。规定旋转表示为围绕对象中心的三个角度（以 rad 为单位），并按图 A.6 中描述的顺序应用。

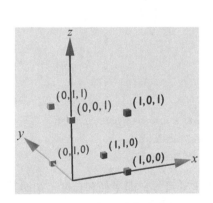

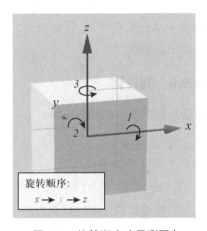

图 A.5　坐标系（见彩图）　　　　图 A.6　旋转顺序（见彩图）

A.9.4　文　本

可使用如下方式在 _3D 面板中显示文本（Text）：

```
model Main(simulator) =
initially
_3D = (Text                     // Type of _3D object
        center=(-2.2,0,0)       // Starting point (x,y,z)
        size =0.75              // Font size
        color =(255,255,0)      // Color in RGB
        rotation=(pi/2,0,0)     // Orientation (around x-axis)
        content ="Hello!")      // Text to display
```

在以上文本示例中，分配给 center 的值实际上是文本开始的位置（所显示文本的最左侧点），而不是文本显示位置的真正中心。方向是指示文本应分别围绕 x、y、z 轴旋转的角度。旋转以 rad 为单位，并指定逆时针旋转。方向旋转可解释为围绕全局参照系的旋转，该参考系原点定位于到正在旋转的物体参考点；也可理解为先绕 x 轴旋转，然后是 y 轴，然后是 z 轴。以下是由文本原素（primitive）支持的字符：

- 26 个英文字符，包括大写和小写（a ~ z、A ~ Z）；
- 10 个数字字符（0 ~ 9）；
- 28 个符号字符（! @ # $ % ^ & ( ) – + = | {} []:;" ' <>,.?/*）和空格。

A.9.5　立方体盒

可使用如下方式在 _3D 面板中显示一个立方体盒：

```
_3D = (Box                      // Type of _3D object
        size = (0.2,1,3)) // Size in (x,y,z) form
```

注意，与文本不同，立方体盒和其他几何对象在 _3D 公式中所指定的点表示其中心点，而不是角点。

A.9.6　圆柱体

可使用如下方式绘制圆柱体：

```
_3D = (Cylinder                 // Type of _3D object
        radius = 0.1            // Radius
        length = 4)             // Length
```

与立方体盒不同，圆柱体只有两个参数指定其尺寸，即半径和长度。初始其长度方向沿 y 轴方向。

A.9.7　圆锥体

可使用如下方式绘制圆锥体：

```
_3D = (Cone                     // Type of _3D object
        radius = 0.4           // Radius
        length = 1)            // Length
```

注意，圆锥参数和圆柱参数之间有相似性。参数类型是相同的，但根据形状不同，它们的含义也不同。长度沿 y 轴方向，锥体顶端指向 y 轴正向（增长方向）。

A.9.8　球　体

可使用如下方式绘制球体：

```
_3D = (Sphere                    // Type of _3D object
           size = 0.55) // Size
```

球体的方向不会对图像产生大的影响。

A.9.9　OBJ 网格对象

Acumen 支持加载保存为 OBJ（https://en.wikipedia.org/wiki/Wavefront_.obj_file）文件的 3D 网格对象，如下所示：

```
_3D = (Obj
           color = cyan          // Blended with texture of OBJ file
           content = "Car.obj") // OBJ file name
```

A.9.10　默认值

为了简化，为各种对象类型的所有未指定值的参数提供默认值。因此，以下示例都是可接受生成球体的方式：

```
_3D = (Sphere                         // Type of _3D object
           center = (0,0,0)    // Center point in (x,y,z) form
           color = cyan          // Color
           rotation = (0,0,0)) // Orientation
```

或

```
_3D = (Sphere                            // Type of _3D object
           center = (0,0,0)    // Center point in (x,y,z) form
           rotation = (0,0,0)) // Orientation
```

或

```
_3D = (Sphere                            // Type of _3D object
           center = (0,0,0)    // Center point in (x,y,z) form
```

甚至

```
_3D = (Sphere                            // Type of _3D object
```

类似地，所有其他类型的 3D 对象也都提供了默认值。

A.9.11　复合体

上述所有的显示公式均可组合，在外部的括号中插入多个公式，中间以逗号分隔。例如，以下公式可显示旋转参数的效果：

```
_3D =
(Text center = (-2,0,0) size = 1 color = (1,0,0)
     rotation = (-pi/2,0,0) content = "X",

 Text center = (-2,0,0) size = 1 color = (0,1,0)
     rotation = (-pi/4,0,0) content = "2",

 Text center = (-2,0,0) size = 1 color = (0,0,1)
     rotation = (0+t,0,0) content = "3",

 Text center = (0,0,0)
     size = 1 color = (1,0,0)
     rotation = (0,0,0) content = "Y",

 Text center = (0,0,0) size = 1 color = (0,1,0)
     rotation = (0,pi/4,0) content = "2",

 Text center = (0,0,0) size = 1 color = (0,0,1)
     rotation = (0,pi/2+t,0) content = "3",

 Text center = (2,0,0) size = 1 color = (1,0,0)
     rotation = (0,pi/2,0) content = "Z",

 Text center = (2,0,0) size = 1 color = (0,1,0)
     rotation = (0,pi/2,pi/4) content = "2",

 Text center = (2,0,0) size = 1 color = (0,0,1)
     rotation = (0,pi/2,pi/2+t) content = "3"
)
```

当然，虽然本示例只包含文本（Text）对象，但组合体可包含多种不同的对象类型。

A.9.12　形状及其参数与默认值

下表列出了 Acumen 中可识别的 _3D 形状、它们所支持的参数以及相应的默认值：

形 状	中 心	旋 转	颜 色	坐 标	透明度	内 容
立方体	(0, 0, 0)	(0, 0, 0)	(0, 0, 0)	全局	0	无
圆锥体	(0, 0, 0)	(0, 0, 0)	(0, 0, 0)	全局	0	无
圆柱体	(0, 0, 0)	(0, 0, 0)	(0, 0, 0)	全局	0	无
球体	(0, 0, 0)	(0, 0, 0)	(0, 0, 0)	全局	0	无

形　状	中　心	旋　转	颜　色	坐　标	透明度	内　容
四面体	(0, 0, 0)	(0, 0, 0)	(0, 0, 0)	全局	0	无
OBJ	(0, 0, 0)	(0, 0, 0)	(0, 0, 0)	全局	0	字符串
文本	(0, 0, 0)	(0, 0, 0)	(0, 0, 0)	全局	0	字符串

为指定 3D 对象的大小，下表列出了不同形状支持的默认值：

形　状	大小参数及其默认值
立方体	大小 =（0.4，0.4，0.4），或者长度 = 0.4，宽度 = 0.4，高度 = 0.4
圆锥体	大小 =（0.4，0.2），或者长度 = 0.4，半径 = 0.2
圆柱体	大小 =（0.4，0.2），或者长度 = 0.4，半径 = 0.2
三角形	点 =（（0，0，0），（1，0，0），（0，1，0）），高度 = 0.4
OBJ 对象	大小 = 0.2
球体	尺寸 = 0.2，或者半径 = 0.2
文字	大小 = 0.2

A.9.13　动画 = 动态 _3D 的值

上述示例中，我们在模型的 initially 段简单地为 _3D 信息段赋初始值。事实上，可通过在 always 段中给 _3D 对象参数赋值实现为其连续赋予变化值。这样，当通过仿真时间观察时，_3D 面板将在三维场景中动画显示该过程。

A.9.14　手动控制 _3D 场景视图

围绕当前 _3D 视图的中心旋转视图，可单击并按住左键移动鼠标。为更改 _3D 视图的中心，单击并按住右键（在 Mac OS 上，用两个手指轻按触摸板）移动鼠标。鼠标滚轮可用来放大和缩小视图（在 Mac OS 上，你可用两个手指上下滑动）。

A.9.15　在模型内控制 _3D 场景视图

定义 _3D 视图的摄像机，也可直接在模型中操纵控制，通过在模型中加入特殊变量 _3DView 来实现。注意，与 _3D 变量一样，为在 always 段中使用 _3DView 变量，必须首先在 initially 段中声明它。以下的模型中，摄像机位置是 (10,10,10)，且沿每个轴旋转 0.5 rad，这样对准的是原点：

```
initially
_3D = (), _3DView = ()

always
_3D = (Box center=(0,0,0) size=(1,1,1)
color=red rotation=(0,0,0)),

_3DView = ((10,10,10),(0.5,0.5,0.5))
```

这个 _3DView 变量的配置将产生如图 A.7 所示的 _3D 场景。为了使动画创建更加简单，只需使用任意表达式代替常数进行 3D 对象各种参数的设置。

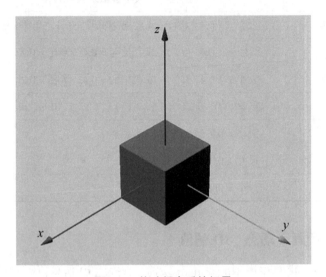

图 A.7　修改视点后的场景

A.9.16　摄像机视图

为了使物体相对于观察者是静态的，也就是说，为了防止其受到摄像机位置、手动旋转视图或者放大/缩小视图的影响，用户可将坐标参数设置为 "camera"。例如：

```
_3D = (Text
center=(-2.2,0,0)
color=(1,1,0)
coordinates = "camera"
content="Hello Acumen!")
```

这个模型，其可视结果如图 A.8 所示。应注意，尽管视图已手动旋转，如轴所示，文本仍然面向屏幕。这个概念在图中有点难以可视化，所以我们建议读者运行以上的模型并修改视图，试图观看这个概念达成的效果。

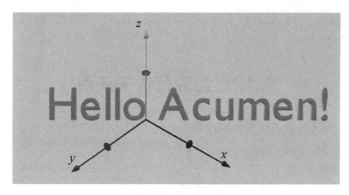

图 A.8　静态对象视图

A.10　内建函数

Acumen 提供了以下内建函数:

- 布尔值和整数的一元运算符: not、abs、–;
- 整数的二元运算符: +、–、*、<<、>>、&、|、%、xor;
- 浮点数的一元运算符: sin、cos、tan、acos、asin、atan、toRadians、toDegrees、exp、log、log10、sqrt、cbrt、ceil、floor、rint、round、sinh、cosh、tanh、signum、abs、–;
- 浮点数的二元运算符: +、–、*、^、/、atan2;
- 整数和浮点数的关系运算符: <、>、<=、>=;
- 向量的二元运算符: *、/、^、+、–、dot、cross;
- 向量的一元运算符: norm、length;
- 一个标量与一个向量的二元运算符: +、*;
- 一个向量与一个标量的二元运算符: +、*、/、^。

大多数情况下,以字母开头的运算符是带有显式参数的前缀运算符,如 sin(x),而以符号开头的运算符是中缀(infix)运算符,如 x + y。该规则唯一例外的是 xor,它是一个中缀运算符。一元运算符 "–",是一个没有括号的前缀运算符。

A.11　函数声明

为了定义内建函数之外的自定义函数,Acumen 提供了一个顶层函数定义构造。典型函数声明的结构如下所示:

```
function f(x,y) = x + 2*y
```

在运行仿真之前,对每个函数的调用都要执行内联化,即使用实际的输入参数,将代码中使用函数主体的副本替换为函数的调用。例如，函数调用 f（1，2）将被替换为表达式 1 + 2*2。

A.12　运算符优先关系

Acumen 中内建函数的优先级顺序如下：

（1）布尔析取（||）；

（2）布尔合取（&&）；

（3）布尔相等（==），然后是布尔不等（~=）；

（4）整数小于（<）、大于（>）、小于或等于（<=），然后是大于或等于（>=）；

（5）向量生成（i : j : k）；

（6）数值加法（+）、减法（−），向量加法（.+）、减法（.−）；

（7）数值乘法（*）、除法（/），向量乘法（*）、除法（/），以及整数求模（%）；

（8）数值求幂（^），然后是向量求幂（.^）；

（9）数值一元否定（−）；

（10）字段访问（.）；

（11）内建前缀函数应用和向量查询；

（12）字段信息检查（?）。

A.13　仿真器设置

传递给模型 Main 声明的 simulator 参数为用户提供了一种机制，可指定如何将模型作为模型本身的一部分仿真。用户可以指定两个基本设置：

- 仿真应终止的时间 endTime，该设置的默认值为 10 s；
- 数值积分步长大小 timeStep，该设置的默认值为 2^{-6} = 0.015 625。

通常来说，建议所有对这两个设置的调整在仿真开始时使用离散公式予以调整。

A.14　命令行参数

对于批处理来说，从命令行向仿真传递参数通常十分有用。为此，Acumen 提供了一种传递此类信息的机制。它由两部分组成：

- 在命令行中，指令 "--parameters" 可用于指定参数的名称和值（每个名称后面跟着其值）；
- 在模型中，创建类型 simulator.parameters（）的模型实例，可访问命令行的参数值。

下面示例说明了如何从命令行传递参数，以及如何在模型中使用它们。若要从具有某些参数值的命令行以脱机模式启动仿真，请键入如下命令行：

```
java -jar acumen.jar --parameters abc 11
```

为了使用这些参数值，模型本身可以使用 simulator.parameters 类型，如下所示：

```
model myModel (a,b) =
initially
x = a, x' = b, x" = 0

always
x" = -x

model Main (simulator) =
initially
p = create simulator.parameters(),
// Get command line parameters and put in an model instance

init_phase = true

always
if init_phase

then if (p?a && p?b)
// Check to see if parameters were provided in the
// command line

then create myModel (p.a,p.b)
// Use command line parameters a and b

else create myModel (17,42),
// Default values, useful for interactive mode

init_phase+ = false

noelse
```

使用 "?" 测试参数名，如以上的示例所示，确保参数是由命令行调用提供的，如果命令行中没有提供就使用默认值。这样做的另外一个好处是模型可同时在命令行和交互模式下轻松运行。

A.15　打印到标准输出（stdout）或控制台

对于批处理和交互模式，Acumen 提供了打印文本输出的支持。在批处理模式下，打印将输出发送到 stdout（标准输出）；在交互模式下，输出发送至控制台。要了解打印标注是如何工作的，请考虑以下模型：

```
model Main (simulator) =

initially
x = 5
// print out the value x-1 and x
always
if x > 0 then

x+ = print("x - 1 =", print("x=",x)-1)

noelse
```

运行这个模型的结果是 x 的值重复减去 1，直至为 0。如果我们希望在控制台上（或标准输出）观察这个过程，那么我们要在 if 公式中赋值 x 周围插入一个 print 语句。具有标注后的版本如下：

```
model Main (simulator) =

initially
x = 5

always
if x>0
then x+ = print(x - 1)

noelse
```

应注意，在控制台上，值是向后打印的（所有消息也是如此）。

A.16　Acumen 的巴克斯 – 诺尔范式（BNF）

与语法上下文无关，下面定义了 Acumen 语言现用的句法。符号 "?" 和 "*" 分别代表可选和重复，"//" 后面的文本为注释。

集 合		可能的取值
digit	::=	[0 – 9]
letter	::=	[A – Za – z]
symbol	::=	!	@	#	$	%	^	&	(	)	–	+	=|| {|}	[|]	:	;
		"	'	<	>	,	.	?	/	*	
id_character	::=	letter	"_"
ident	::=	id_character (int | id_character)*
int	::=	"–" ? digit+
float	::=	"–" ? digit+ "." digit+
boolean	::=	true	false
string	::=	(symbol | id_character)*
gvalue	::=	nlit	string	boolean	[nlit .. nlit]　// 区间取值
nlit	::=	int	float
name	::=	ident	name'
expr	::=		gvalue	name
			type (modelName)
			f(expr*)　// 函数应用
			expr op expr　// 二元操作
			expr' [expr]　// 偏导数
			(expr)'	(expr)" . . .　// 时间导数
			(expr*)　// 表达式向量
			name(expr)　// 矢量编号
			(expr)
			expr . name　// 字段访问
			expr ? name　// 字段检查
			let name = expr * in expr　// 令标识符
			sum expr in name = expr if expr　// 总和
op	::=		+	–	*	/	%	<	>	<=	>=	&&			
			==	~=	.*	./	// 点式操作符

集　合	可能的值	
action	::=	name+ = expr	// 离散公式
		name = expr	// 连续公式
		create modelName (name*)	
		name:= create modelName (name*)	
		terminate expr	// 删除模型实例
		move expr expr	// 将模型实例移动到父节点
		if expr then action* else action*	// 条件
		foreach name in expr do action*	// 循环
		match expr with [clause	clause . . .]	
		claim expr	// 声明谓词表达式为真
		hypothesis expr	// 假设字符串表达式
clause	::= gvalue claim expr – > action*	case gvalue – > action*	
modelDef	::= model modelName (name*) inits action*	
inits	::= initially (name := expr	create modelName (expr*))* always	
model	::= modelDef *	
include	::= #include string	
interpreter	::= "reference2015"	"optimized2015"	"reference2014"	"optimized2014" 	"reference2013"	"optimized2013"	"reference2012"	"optimized2012"	 "enclosure2015"	
semantics	::= #semantics interpreter	
function	:= function ident (ident +) = expr	
fullMod	::= semantics? include? function* modelDef*	

常用词

A

Abstract modeling of computational effects	计算效应的抽象建模
Acceleration-based player	基于加速度的选手
Actuating mechanical systems	作动机械系统
Actuation	作动
Acumen environment	Acumen 环境
Acumen model	Acumen 模型
Agent	代理
Amplifiers	放大器
Analog-to-digital conversion	模 / 数转换
Animation	动画
Arithmetic equations	算术方程
Arithmetic operators	算术运算符

B

Bandwidth	带宽
Belief	信念
Binary gates	二进制门
Binary outputs	二进制输出
BNF of Acumen	Acumen 巴克斯－诺尔范式
Boolean	布尔值
Boundedness	限度
Box	盒
Built-in functions	内置函数

C

Capacitance	电容
Capacitor	电容器
Carrier	载波
Cartesian coordinates	笛卡儿坐标
Certainty	确定性

Chain rule	链式法则
Collections of formulae	公式集
Command line parameters	命令行参数
Communication	通信
Communication modes	通信模式
Competitiveness	竞争
Composites	复合体
Conditional laws	有条件定律
Conductor	导体
Cone	圆锥体
Conservation laws	守恒定律
Constant gain plant	恒定增益装置
Continuous formulae	连续公式
Continuous step	连续步骤
Control	控制
Control system	控制系统
Control theory	控制论
Controller	控制器
Coordinate system	坐标系
Coordinate transformation	坐标变换
Coordination	协调
Coordination pattern	协作模式
Current source	电流源
Cyber-physical systems	赛博物理系统
Cylinders	圆柱体

D

Damper	阻尼器
Default values	默认值
Dense-time	密集时间
Dense-time models	密集时间模型
Dependability	互依赖性
Derivative	导数
Design	设计
Determinant	行列式
Determining the Nash equilibrium	确定纳什均衡

Detour	回路
Differential equations	微分方程
Digital memory	数字存储器
Digital-to-analog conversion	数 / 模转换
Diodes	二极管
Direct current	直流电
Discrete change laws	离散变化定律
Discrete formulae	离散公式
Discrete step	离散步骤
Discretization	离散化
Distribution	分布
Diverse expertise	多样化专业知识
Domain-specific languages	领域特定语言
Dynamic	动力学
Dynamical system	动力学系统
Dynamic instance	动力学实例

E

Elastic collision	弹性碰撞
Electric bicycles	电动自行车
Electrical signal transmission	电信号传输
Electromagnetics	电磁学
Electron	电子
Elements in electrical systems	电气系统元素
Elements in mechanical systems	机械系统元素
Eliminating strictly dominated strategies	消除严格劣势策略
ELLIIT strategic network	ELLIIT 战略网络
Embedded system	嵌入式系统
Embodiment	化身
Energy consumption	能量损耗
Event-driven	时间驱动
Expressions	表达式

F

Feedback control	反馈控制
Filter	过滤器

Information	信息
Initially	初始
Innovation	创新
Input	输入
Insulator	绝缘体
Insulin pumps	胰岛素泵
Integrated development environment	集成开发环境
Intel	英特尔
Intelligence	智力
Intelligent	智能
Intensity	强度
Intent	意图
International energy agency	国际能源署
Internet-based products	基于互联网产品
Internet of things	物联网
Inverse	逆矩阵

K

Knowledge	知识
Knowledge economy	知识经济
Knowledge Foundation	知识基金会

L

Ladder	梯形
Lane departure warning system	车道偏离预警系统
Latency	延迟
Law	定律
Learning	学习
LIDAR	激光定位器
Light emitting diode	发光二极管
Light transmission	光传输
Limits due to component dynamics	组件动力学的限制
Limits due to energy dissipation	能量损耗的限制
Limits due to noise	噪声的限制
Linear equations	线性方程
Linear systems of equations	线性方程组

Object creation	对象创建
Observe. Understand. Innovate	观察、理解、创新
Open-loop	开环
Open-Source medical devices	开源医疗设备
Openness	开放性
Operational amplifier	运算放大器
Operator precedence	运算符优先级
Order of evaluation	评估顺序
Ordinary differential equation	常微分方程
Other sources of limitations	其他限制的来源
Output	输出

P

Pacemakers	起搏器
Parameters	参数
Pendulum	钟摆
Pentium	奔腾芯片
Periodic sampling	周期性抽样
Personal assistance robots	个人助理机器人
Photo-voltaic cells	光伏电池单元
The Photo-voltaic effect	光电效应
Physical presence	物理存在
PID control	PID 控制
Players	玩家
Plays	比赛
Polar coordinates	极坐标
Print to standard output (stdout)	打印至标准输出端
Privacy	隐私
Probabilistic	概率性的
Proportional feedback control	比例反馈控制
Prototypes of equations	方程原型

Q

Quantization	量化
Quantization and discretization	量化和离散化

Spherical coordinates	球坐标
Spring	弹性
Stability	稳定性
Stable state	稳定态
State diagram	状态图
Statics	静力学
Stochastic	随机的
Storing executable commands in memory	存储中保存可执行命令
Strictly dominant	严格占优策略
Sub-matrix	子矩阵
Sum	求和
Supermaneuverability	超机动性
Switching systems	开关系统
Symmetry	对称性
Systems engineering	系统工程

T

Threats to a freedom to innovate	自由创新面临的威胁
Total primary energy supply	能源供应总量
Transformation	变换
Transistors	晶体管
Transparency	透明
Transpose	转置矩阵
Triangle	三角形
True	真
Truth	真相

U

Uncertainty	不确定性
Utility function	实用函数

V

Variable names	变量名
Vector	矢量
Vector generators	矢量生成器
Vector of vectors	矢量的矢量矩阵

View	视图
Visualization	可视化
Voltage source	电压源

W

Where different numbers come from	不同的数集从何而来
Workforce marketplace	劳动力市场
Working in 2D and 3D	在 2D 和 3D 中工作
World population prospects	世界人口前景
World's population	世界人口

Z

Zeno behavior	芝诺行为
Zero-crossing	零交叉

缩略语

英文简称	英文全称
AC	Alternating Current
ADC	Analog-to-Digital Conversion
ADC	Analog-to-Digital Converter
AM	Amplitude Modulation
CPS	Cyber-Physical System
CPS-Ed	Cyber-Physical Systems Education
DAC	Digital-to-Analog Conversion
DAC	Digital-to-Analog Converter
DC	Direct Current
EIS	Embedded and Intelligent Systems
GPS	Global Positioning System
GUI	Graphical User Interface
IDE	Integral Differential Equation
IDE	Integrated Development Environment
IEA	International Energy Agency
IOT	Internet of Things
KF	Knowledge Foundation
LDWS	Lane Departure Warning Systems
LED	Light Emitting Diode
LiFi	Light Fidelity
MAS	Multi-Agent Systems
MWH	Mega-Watt Hours
NSF	National Science Foundation
ODE	Ordinary Differential Equation
OS	Operating Systems
PDA	Personal Digital Assistant
PDE	Partial Differential Equation
PID	Proportional Integral Derivative
PID	Proportional-Integral-Differential

RGB	Red-Green-Blue
STEM	Science, Technology, Engineering, Mathematics
TOE	Tonnes of Oil Equivalent
TPES	Total Primary Energy Supply

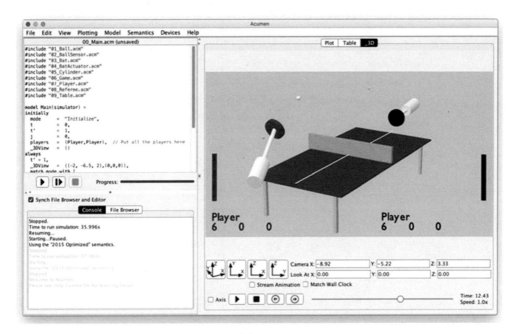

图 2.14

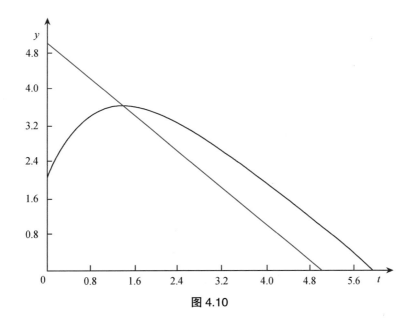

图 4.10

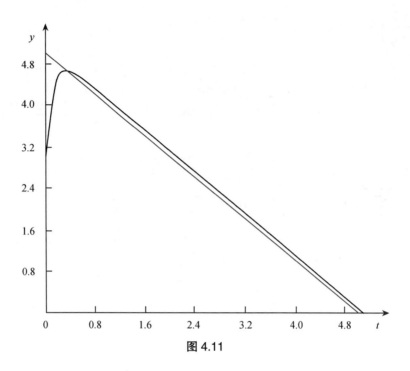

图 4.11

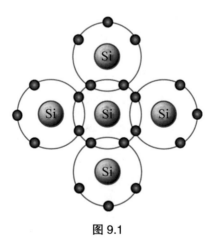

图 9.1

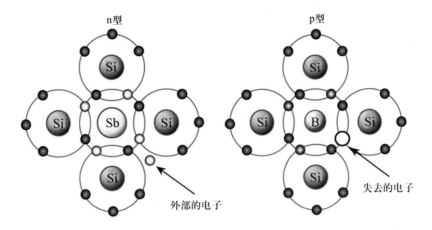

图 9.2

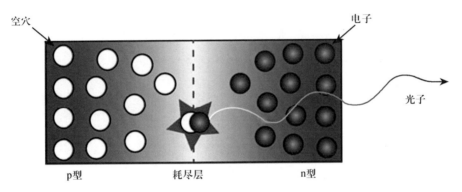

图 9.4

Black	**(0,0,0)**
White	(1,1,1)
Red	**(1,0,0)**
Green	(0,1,0)
Blue	**(0,0,1)**
Purple	**(1,0,1)**
Yellow	(1,1,0)

图 A.2

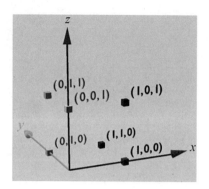

图 A.5

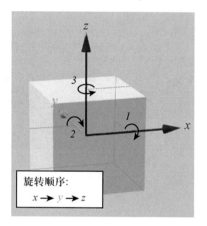

图 A.6